英雄たちの装備、武器、戦略

三国志武器事典

水野大樹・監修
Hiroki Mizuno

JIPPI Compact

実業之日本社

「三国志」を彩る武器と兵器の魅力◉まえがき

中国の春秋時代の史料として知られる『春秋左氏伝』に「国の大事は祭祀と軍事である」と書かれているように、中国の歴史は戦いの連続であった。

「三国志」の時代である後漢末から三国時代にかけての中国は、文字どおり3つの国に分かれて覇権を争った戦乱の時代である。

戦乱の時代は軍事力がものをいう時代であり、軍事力を高めるために武器、防具、兵器が発展する。より遠くの敵を倒すために弓が改良され、より威力を出すために刀や剣もさまざまな改良がなされた。攻城戦が増えたことで攻城兵器も改良・開発された。中国では海上戦は発生しなかったが、黄河と長江という大河が流れているため、水上戦は勃発した。そのため戦艦も改良された。

また、この時代は劉備、曹操、孫権、諸葛亮といった不世出の英雄が登場し、彼らのもとに多くの武将が集った。その武将たちもそれぞれに個性的であり、この時代に起こったさまざまな攻防の様子は後世に『三国志演義』という小説の題材にもなったのである。

『三国志演義』は元末・明初の14世紀頃に成立した書物で、基本的には史実を追いながら、多くのフィクションで肉付けされた通俗小説である。そこには、実在の人物から架空の人物まで、さまざまな武器を手にして戦う姿が描かれている。

本書は、史実に登場する武器や兵器を取り上げるとともに、『三国志演義』に登場する「青龍偃月刀」などフィクションの武器も一部選んで紹介した。

どのような武器があったかを知ることで、「三国志」をより楽しんでもらいたい。

三国時代の中国は、左の地図のとおり9つの州に分かれていた。曹操（魏）は豫洲・徐州より北の地域（華北）と荊州北部を支配し、孫権（呉）は揚州・荊州中南部・交州、劉備（蜀漢）は益州を支配した。

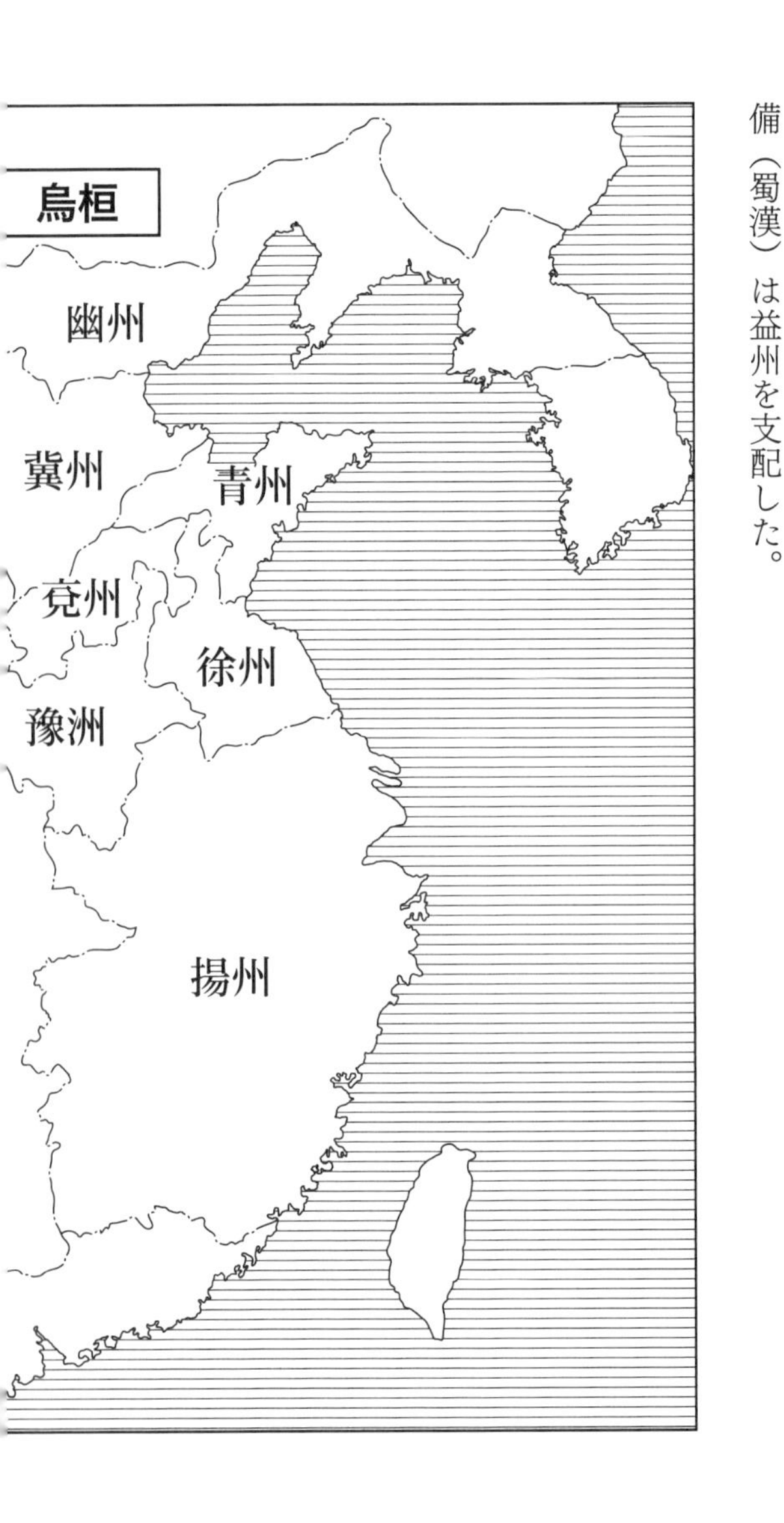

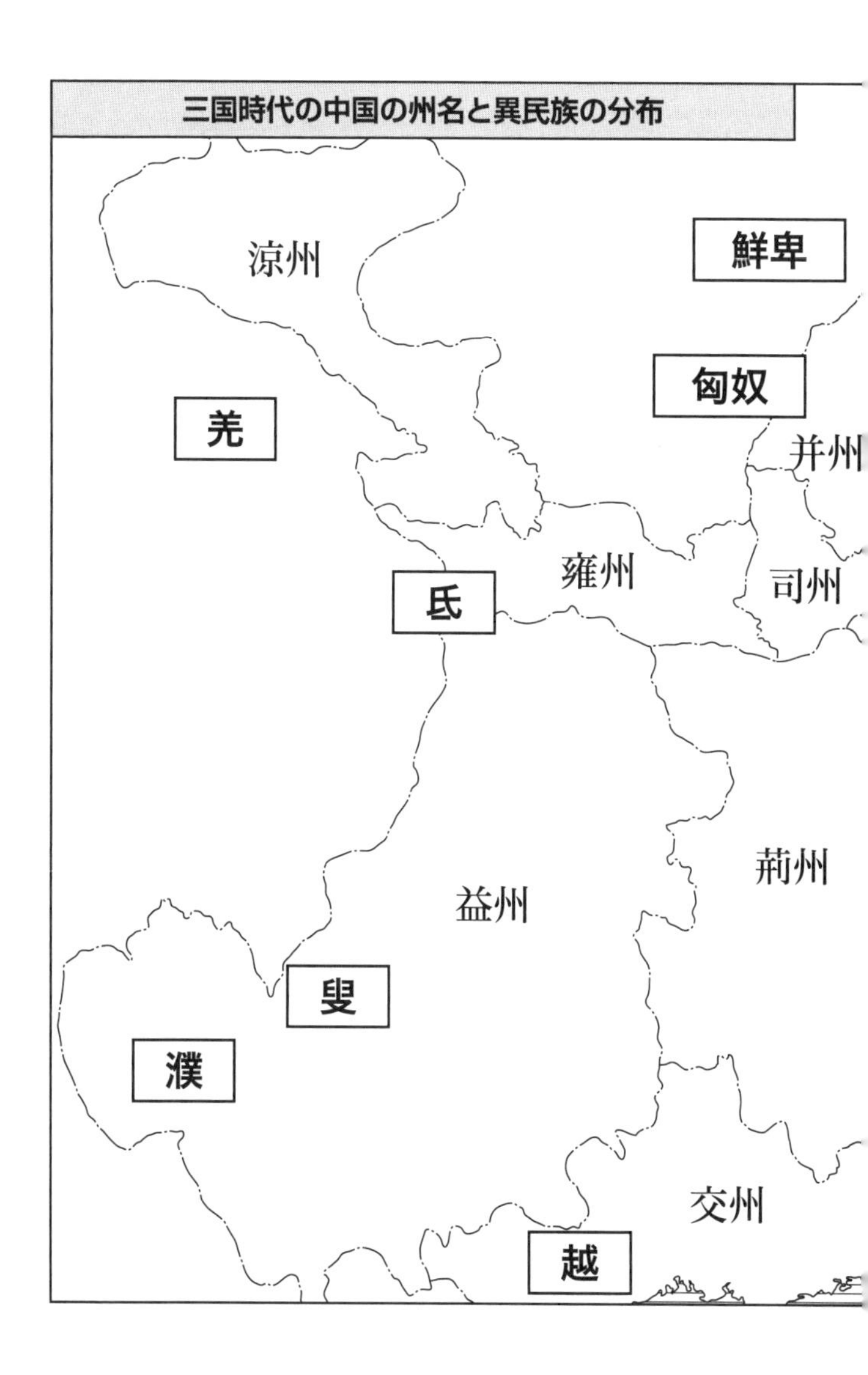
三国時代の中国の州名と異民族の分布
涼州
鮮卑
匈奴
羌
并州
雍州
氐
司州
荊州
益州
叟
濮
交州
越

三国志の武器 もくじ

序章 三国志の舞台

第一章 斬る・刺す・殴る

第二章

走る・動かす

第三章

守る

第四章

水上を走る

第五章 城を攻める・守る

装丁 杉本欣右
カバー&本文イラスト 岡本倫幸
編集協力・DTP バウンド

序章

三国志の舞台

三国時代のはじまり

●黄巾の乱をきっかけに軍閥が続々と登場

三国時代は厳密にいえば、魏・呉・蜀漢の三国が成立した時点をはじまりとするが、通常はキリスト紀元をはさんで約400年続いた漢帝国の滅亡のきっかけとなった黄巾の乱の勃発（184年）からはじまるとされる。

当時の漢王朝を後漢という。後漢は政権内部の腐敗が表面化し、皇帝は傀儡となり、外戚や宦官が政治を壟断するようになっていた。洋の東西を問わず外戚や一部の家臣が力をもった王朝にろくなことはなく、滅亡への第一歩となることが多い。後漢もそれに違わず、さまざまな問題点や矛盾点を露呈しながら、滅亡への道を進んでいた。

そして184年2月、中国王朝の末期に共通する現象といえる大規模な武装蜂起が起こった。これが黄巾の乱である。黄巾の乱を主導したのは、「太平道」という宗教を広めていた張角という人物だった。黄巾の乱は組織的な反乱であり、華北一帯で反乱が勃発した。

黄巾の乱関連図

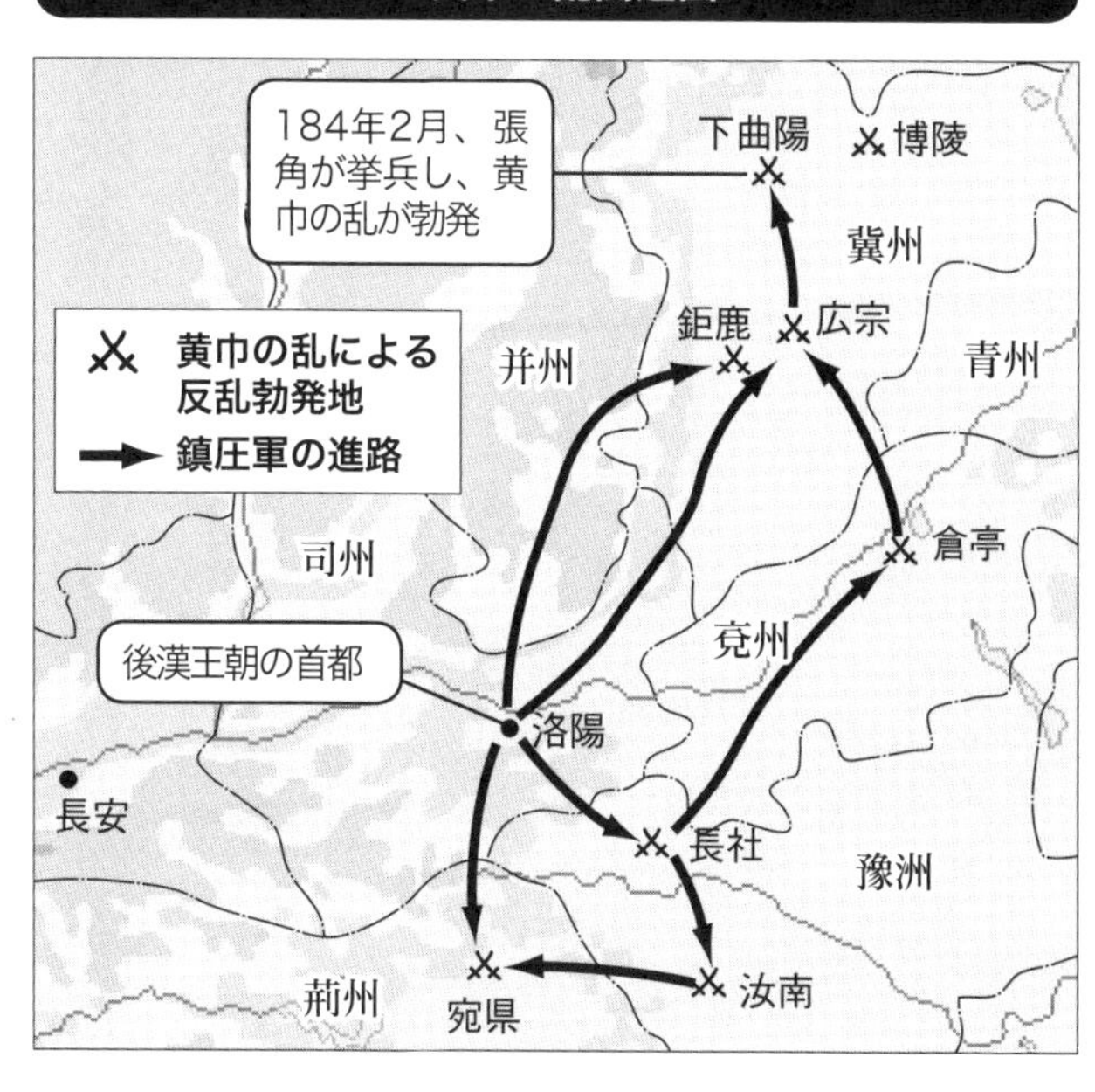

後漢は武将を各地に派遣して反乱鎮圧に努めたが、このときの鎮圧軍のなかには董卓や曹操といった、のちに一時代を築く人物もいた。

黄巾の乱は1年足らずで鎮圧されたが、これに呼応する勢力が次々と出現し、各地で反乱が発生した。後漢は反乱鎮圧のために地方官たちに強大な権力を与えたが、これが仇となり、地方官たちは軍閥に成長し、後漢から独立する勢力となる。こうして中国は群雄が割拠する三国時代を迎えるのである。

曹操・孫権・劉備の三者が覇権を争う

●赤壁の戦いで曹操が敗北し三国鼎立へ

後漢王朝が衰退し、まず登場したのが董卓である。董卓は黄巾の乱の鎮圧軍に加わるなどした後漢の地方官だったが、外戚と宦官の対立のどさくさにまぎれて入京し、皇帝を傀儡とする独裁政権を打ち立てた。しかし、目に余る横暴ぶりが他の軍閥に嫌われ、袁紹・袁術・孫堅・曹操らが反董卓連合を結成、董卓は部下の呂布に殺害された。

董卓死後はまさに群雄割拠の状態となり、群雄同士の領土争いが活発化したが、そのなかでは名門出身の袁紹が頭一つ抜けた存在となった。しかし、200年の官渡の戦いで袁紹が曹操に敗れて退場し、その後は曹操を中心に時代は動いていくことになる。

その頃になると江南地方で孫権が勢力を拡大していた。劉備は袁紹や曹操のもとを渡り歩いたのち、荊州の劉表を頼っていた。諸葛亮が登場するのもこの時期で、劉備の幕下に加わっている。

赤壁の戦い後の勢力範囲

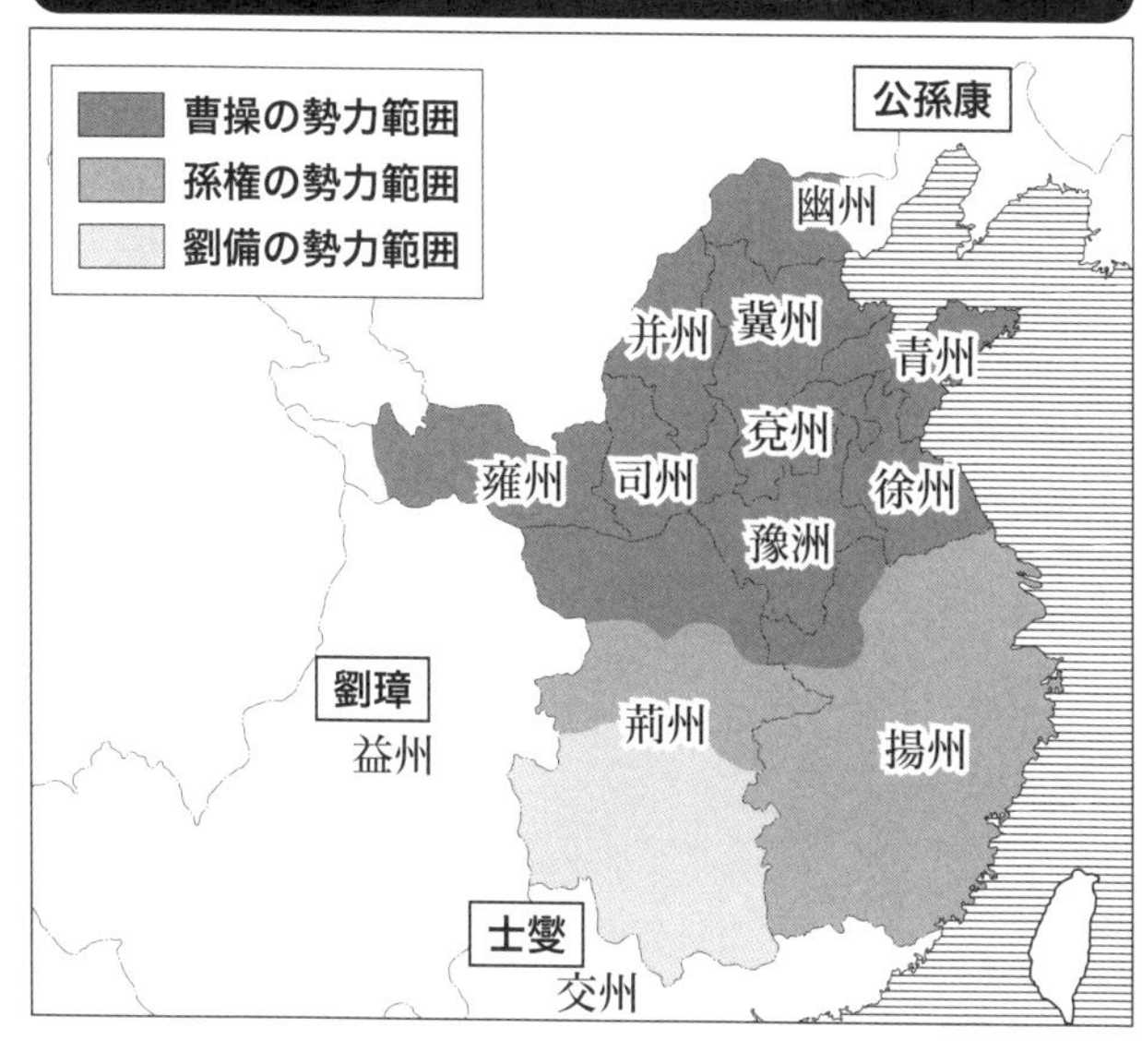

華北をほぼ支配下におさめた曹操は208年、荊州制圧をもくろんで南下し、江南の孫権と対決する。これが赤壁（せきへき）の戦いである。孫権は劉備と手を結んで曹操と対峙し、曹操軍を敗走させた。

赤壁の戦いでの敗北により、曹操はうかつに南下することができなくなり、華北は曹操、江南は孫権がおさえる形となる。劉備は、孫権から荊州南部を借り受けるという形で自立を果たした。

まだ三国は成立していないが、赤壁の戦いが三国鼎立のエポックメーキングとなった。

三国鼎立と三国時代の終焉

●名実ともに三国が成立する

赤壁の戦い後、遼東半島の公孫康と益州を支配する劉璋、交州を押さえる士燮を除くと、群雄は曹操・孫権・劉備の三者に収斂し、天下取りはこの三者にしぼられた。

そして、荊州南部で自立した劉備が益州の乗っ取りを企んで212年12月、益州へ侵攻した。劉璋は1年以上を持ちこたえたが214年に降伏し、劉備が益州を手に入れた。これにより、実質的に三国が誕生することになった。

劉備が益州を攻めていた213年には曹操が魏を建国し、ここに後漢王朝は形骸化した。そして220年、曹操の死後に跡を継いだ曹丕が後漢の皇帝・献帝に禅譲をせまって皇帝に即位し後漢は滅亡、正式に魏国が誕生した。

これに対し、皇帝一族の末裔を自称する劉備は漢王朝の帝位継承を宣言し漢国（通称「蜀漢」）を建国した。

三国の国力比較

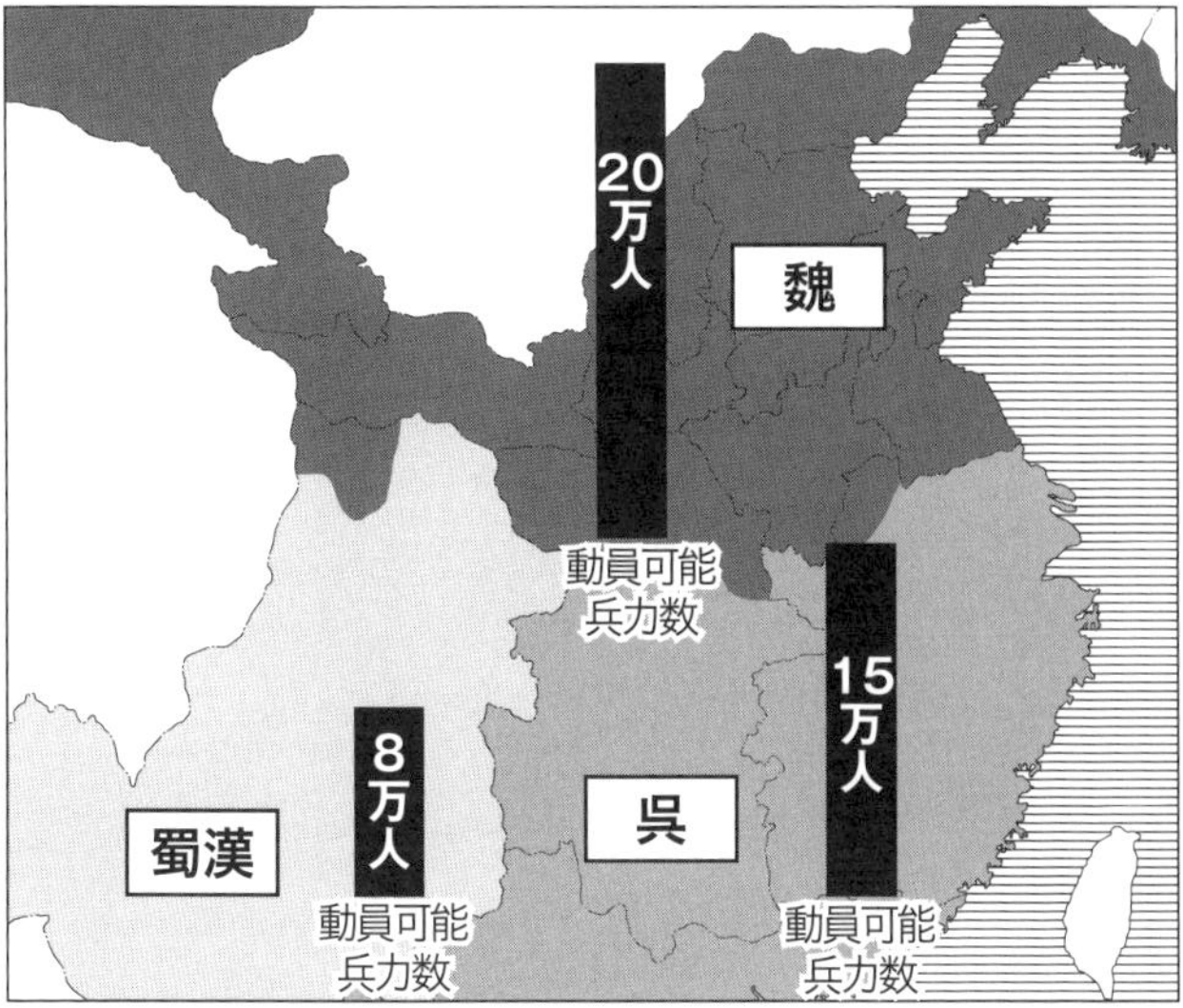

一方の孫権は２１９年に劉備から荊州を取り戻し、さらに２２２年には夷陵の戦いで劉備を破り、勢力圏を拡大していった。

蜀漢では２２３年に稀代の英雄・劉備が死去し、諸葛亮が蜀漢の実権を握った。２２６年に南中を制圧した諸葛亮は魏討伐をめざして北伐を敢行するが、魏に敗北した。

２２９年、孫権が呉を建国し、名実ともに三国がそろう。しかし、厳密にいうところの三国時代は短かった。２３４年に諸葛亮が死去したことで蜀漢は衰退し、２６３年に魏に攻められて滅亡してしまう。ここに三国のうちの一国がなくなった。

　蜀漢を滅ぼした魏も、家臣の司馬(しば)氏が力をつけて皇帝・曹氏は傀儡となり、265年に司馬炎(しばえん)が晋(しん)を建国し、魏は滅亡した。

　そして280年、晋が呉を破って漢土を統一し、黄巾の乱から数えて96年、三国時代は終焉した。

＊　＊

三国志の時代を駆け足で概説した。巻末の略年表も合わせて見ていただければわかるが、この時代は戦乱に次ぐ戦乱の時代であった。こうした戦乱の時代のなかでさまざまな武器が生まれ、数々の英雄が登場したのである。

　次章からは、三国志の時代にどのような武器・兵器・防具が使われ、どのような場面でそれらが使われたのかを紹介していく。

第一章

斬る・刺す・殴る

三国時代の主要な武器のひとつ

刀（とう）

刀は紀元前の古代から使用された武器のひとつで、もともとは騎兵用に作られたものだった。『三国志演義』でも、三尖両刃刀（70ページ）などの刀が登場する。また、実際の史実でも刀はよく登場する。たとえば、董卓(※1)が若い頃に畑を耕しているときに、項羽(※2)が使っていた刀を見つけたという。

また、鄧艾(※3)は子どもの頃に長さ三尺（約70センチメートル）の漆黒の刀を見つけ、当時の人々は神が鄧艾に与えたものだと考えたという逸話が残されている。

刀に似た武器に「剣」がある。剣は両側に刃がついているが、刀は基本的に片方だけに刃がついている。また、剣が相手を刺し殺すための武器であるのに対し、刀は振り回して敵を斬りつける武器だった。古代中国の刀は盾とセットで使う武器であり、日本刀とは違って手を守る鍔がついていないことが多い。

刀の各部の名称

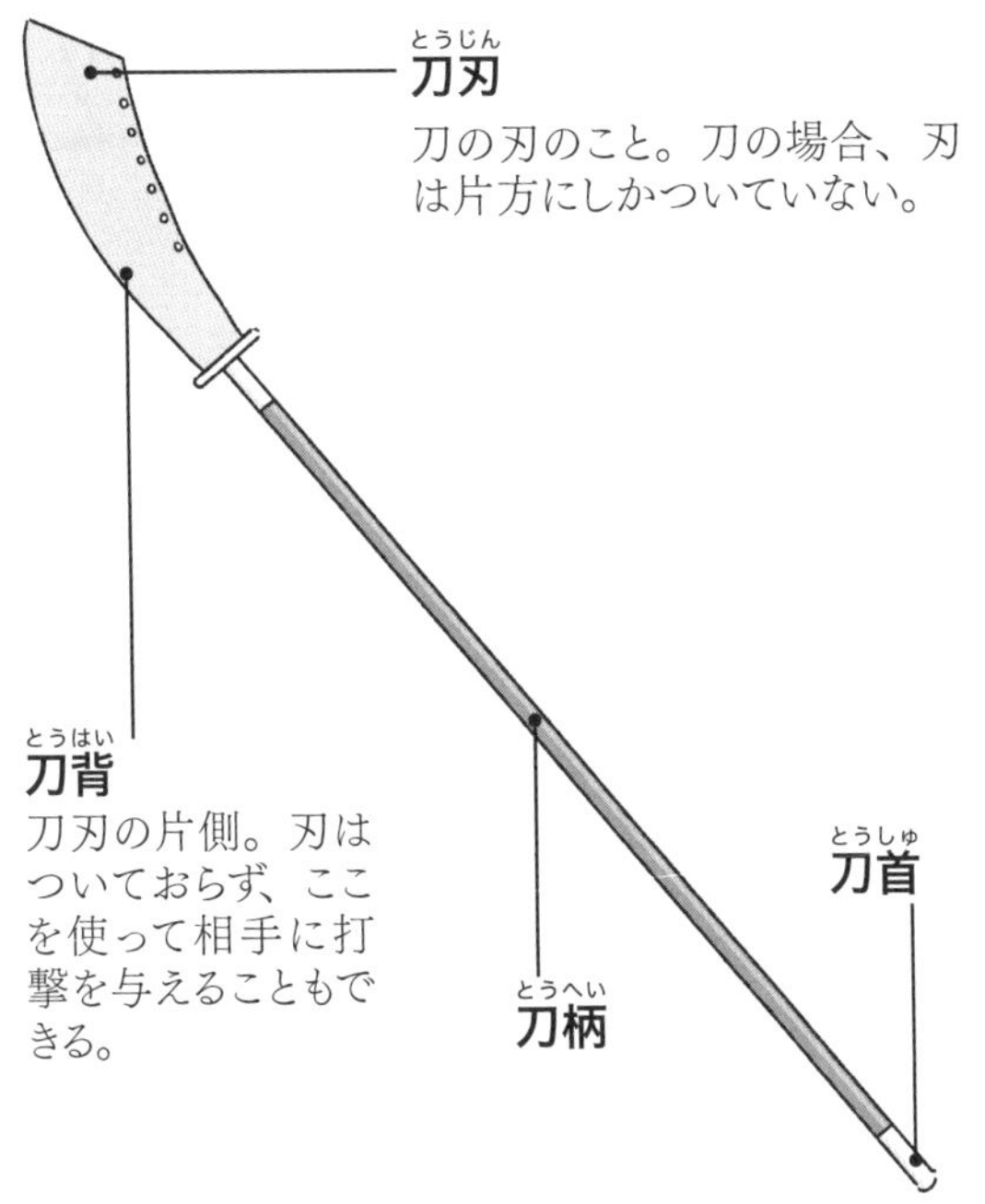

刀刃（とうじん）
刀の刃のこと。刀の場合、刃は片方にしかついていない。
刀背（とうはい）
刀刃の片側。刃はついておらず、ここを使って相手に打撃を与えることもできる。
刀柄（とうへい）
刀首（とうしゅ）

（※1）**董卓**　後漢王朝に大打撃を与え、事実上の滅亡に追いやった梟雄。後漢皇帝・献帝を傀儡として一時代を築いた。

（※2）**項羽**　春秋戦国時代に劉邦と天下を争った武将。

（※3）**鄧艾**　征西将軍として蜀漢を滅亡に追い込んだ。しかし、専断の振る舞いが目立ち、漸減されて処刑された。

当時の日本にも贈られた両刃の武器

剣　けん

剣は刀と並び、三国時代の主要な武器である。三国志の武将が常に帯びているのが剣で、呉（ご）の孫権（そんけん）(※1)が赤壁（せきへき）の戦い(※2)を決意する際に机を一刀両断するという場面があるが、そのとき孫権が使ったのが剣だった。

しかし、騎馬戦が増えた三国時代には、騎兵でも使える刀のほうが重宝され、剣は権威の象徴として身に付けることが多くなった。剣は本来、敵の身体を貫くための武器なので、馬上では使いづらい面があったためだ。魏に朝貢していた当時の日本（倭国（わこく））(※3)は、魏から大量の剣を与えられて持ち帰っており、当時の中国で儀礼用の剣が多く生産されていたことを示している。

剣の各部の名称

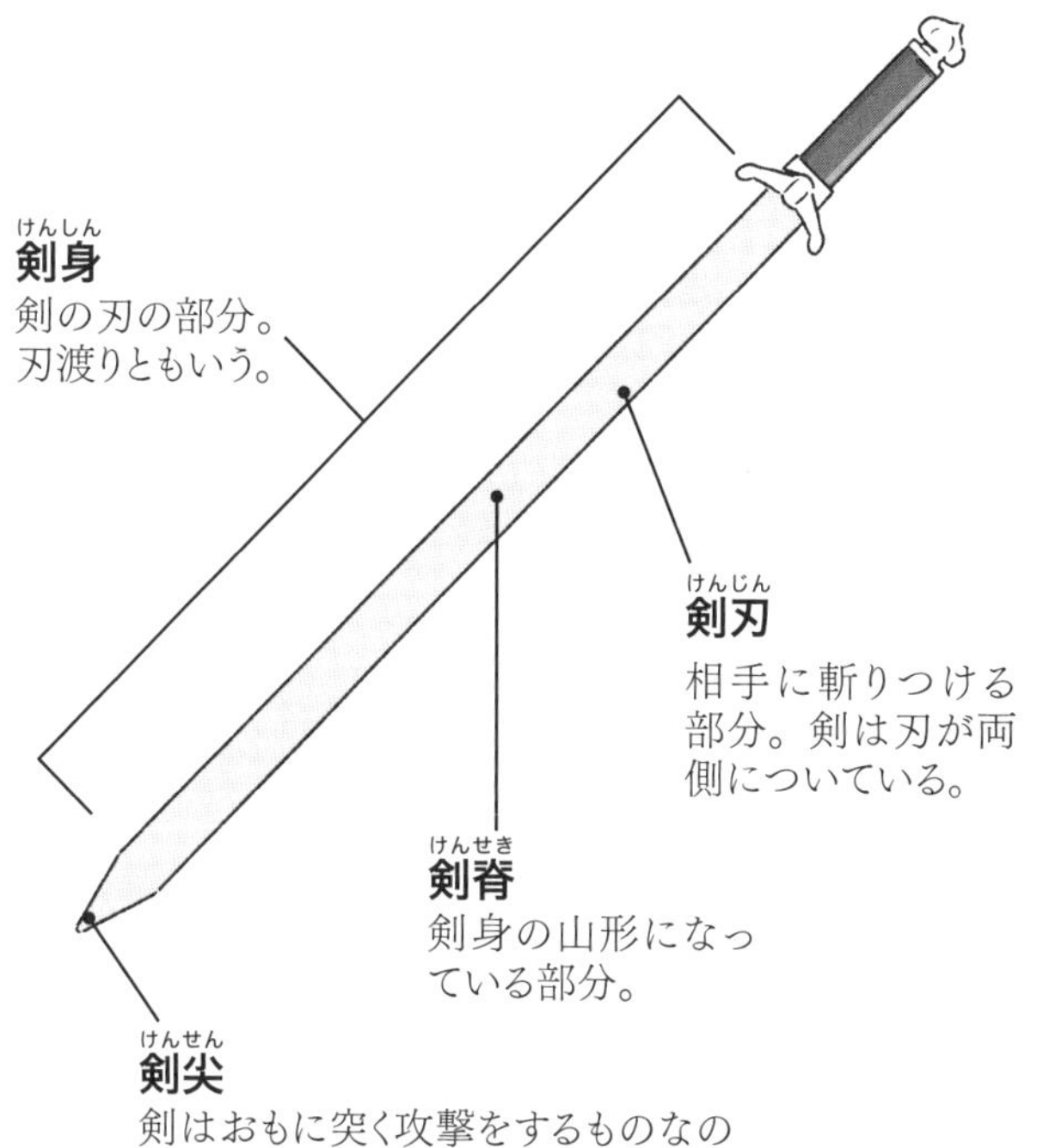
けんしん
剣身
剣の刃の部分。
刃渡りともいう。
けんじん
剣刃
相手に斬りつける
部分。剣は刃が両
側についている。
けんせき
剣脊
剣身の山形になっ
ている部分。
けんせん
剣尖
剣はおもに突く攻撃をするものなの
で、先端は鋭く尖っている。

(※1) **孫権**　呉を建国した呉の初代皇帝。魏の曹操、蜀漢の劉備とともに「三国志」を彩った。

(※2) **赤壁の戦い**　208年に勃発した魏と呉による戦い。呉が完勝し、三国鼎立のきっかけとなった。

(※3) **倭国**　当時の日本は邪馬台国の時代。

歩兵が常備した長兵器

矛（ぼう）

矛は長兵器を代表する武器である。長兵器とは、成人男性の身長を越える長さの武器のことで、刀や剣よりも間合いを長くして使う。矛は木製の柄の先端に尖った両刃の穂先を取り付けた長兵器で、槍とよく似ている。柄の部分は竹を使うこともあった。

矛は戟（げき）（34ページ参照）と並んで三国時代の歩兵の常備装備だった。長い矛を持った歩兵が密集して弩（ど）隊と組んだ布陣は、対騎兵用によく使われたという。4メートルを超える矛も作られ、騎兵隊を苦しめた。

208年、魏（ぎ）の曹操（そうそう）が荊州（けいしゅう）(※1)に侵攻し、当時食客として樊城（はんじょう）(※2)に駐屯していた劉備（りゅうび）軍を敗り、劉備は南下逃走した。

このとき劉備軍の殿（しんがり）を務めた張飛（ちょうひ）(※3)は、川に架かっていた橋を破壊し、矛を抱えて曹操軍を威圧し、恐れをなした曹操軍は追撃をあきらめたという（長坂（ちょうはん）の戦い）。

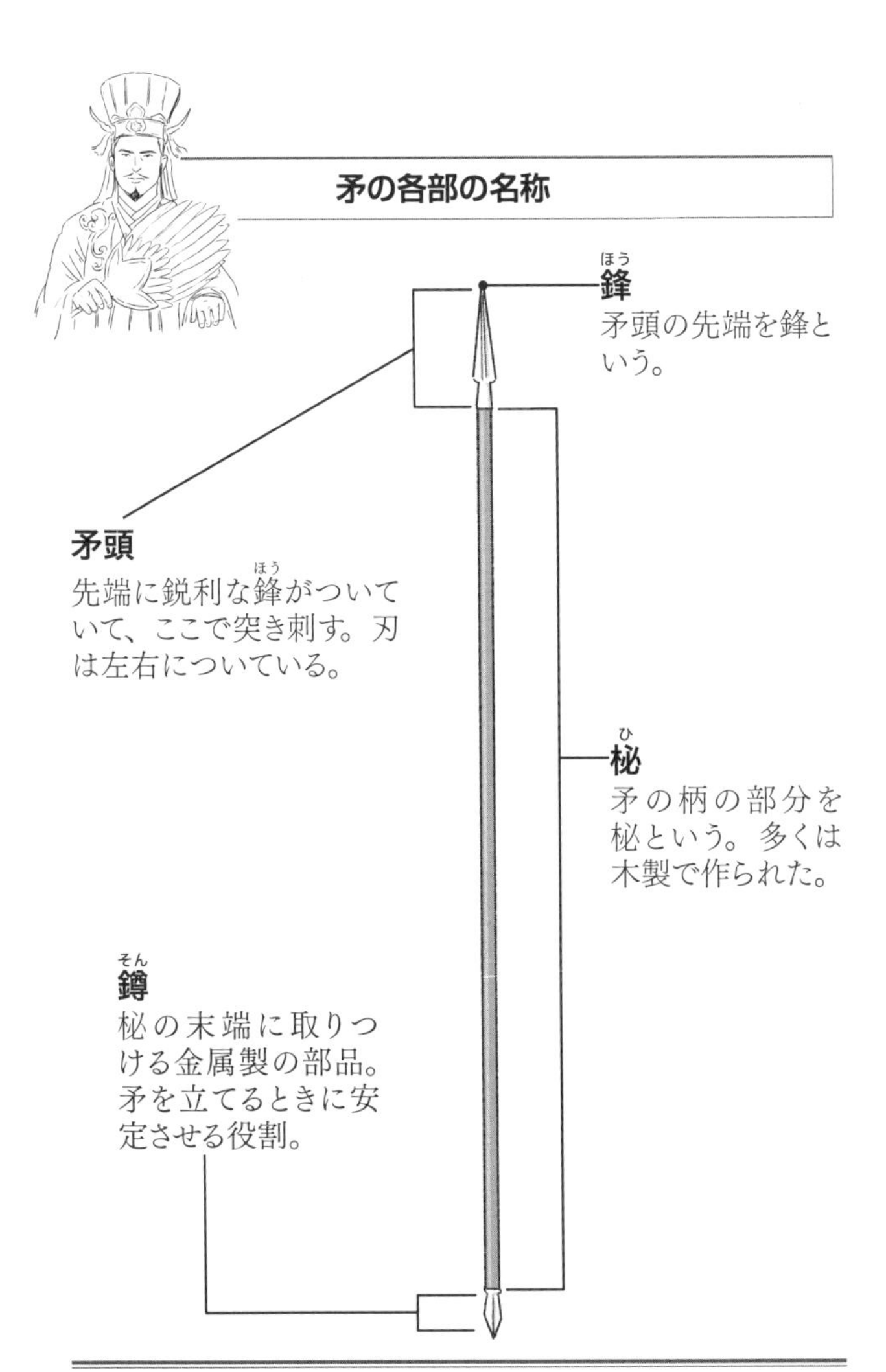

矛の各部の名称
鋒(ほう)
矛頭の先端を鋒という。
矛頭
先端に鋭利な鋒(ほう)がついていて、ここで突き刺す。刃は左右についている。
柲(ひ)
矛の柄の部分を柲という。多くは木製で作られた。
鐏(そん)
柲の末端に取りつける金属製の部品。矛を立てるときに安定させる役割。

(※1) **荊州**　現在の湖北省一帯。

(※2) **樊城**　現在の湖北省襄陽市。

(※3) **張飛**　蜀漢の武将。若い頃から関羽とともに劉備に仕え、劉備とは主従を超えた付き合いだったという。214年、部下に裏切られ殺害された。

曲がった先端が特徴的な武器

鉤 こう

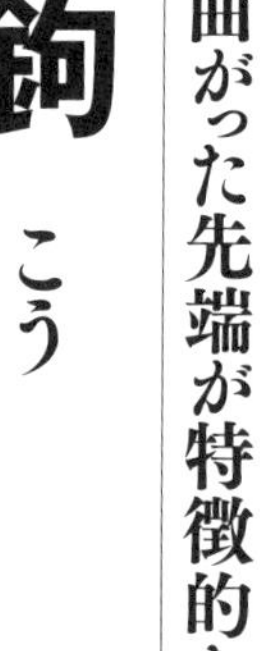

文字どおり、先端に鉤(かぎ)状になった刃を取り付けた武器である。柄の後ろには槍のような刃がついており、前後どちらでも攻撃することが可能だった。また柄の部分には「月牙(げつが)」という部品がついていて、これで敵の攻撃を受けるとともに、この部分で攻撃することもできた。

とはいえ、鉤の大きな役割は、その曲がった先端で敵兵や敵の馬を引っかけて捕えたり、相手の船に鉤を引っかけて引きよせることだった。

230年頃、遼東(りょうとう)半島の**公孫淵**(こうそんえん)(※1)が反乱を起こしたため、魏(ぎ)の皇帝・**曹叡**(そうえい)(※2)は部下の**田豫**(でんよ)(※3)に討伐させようとした。しかし、公孫淵が孫権(そんけん)と結んだため田豫は軍を返し、呉の船団を待ち伏せすることにした。このとき田豫の部下が、呉の船に鉤を引っかけて船に乗り込んで略奪するという案を提案している。

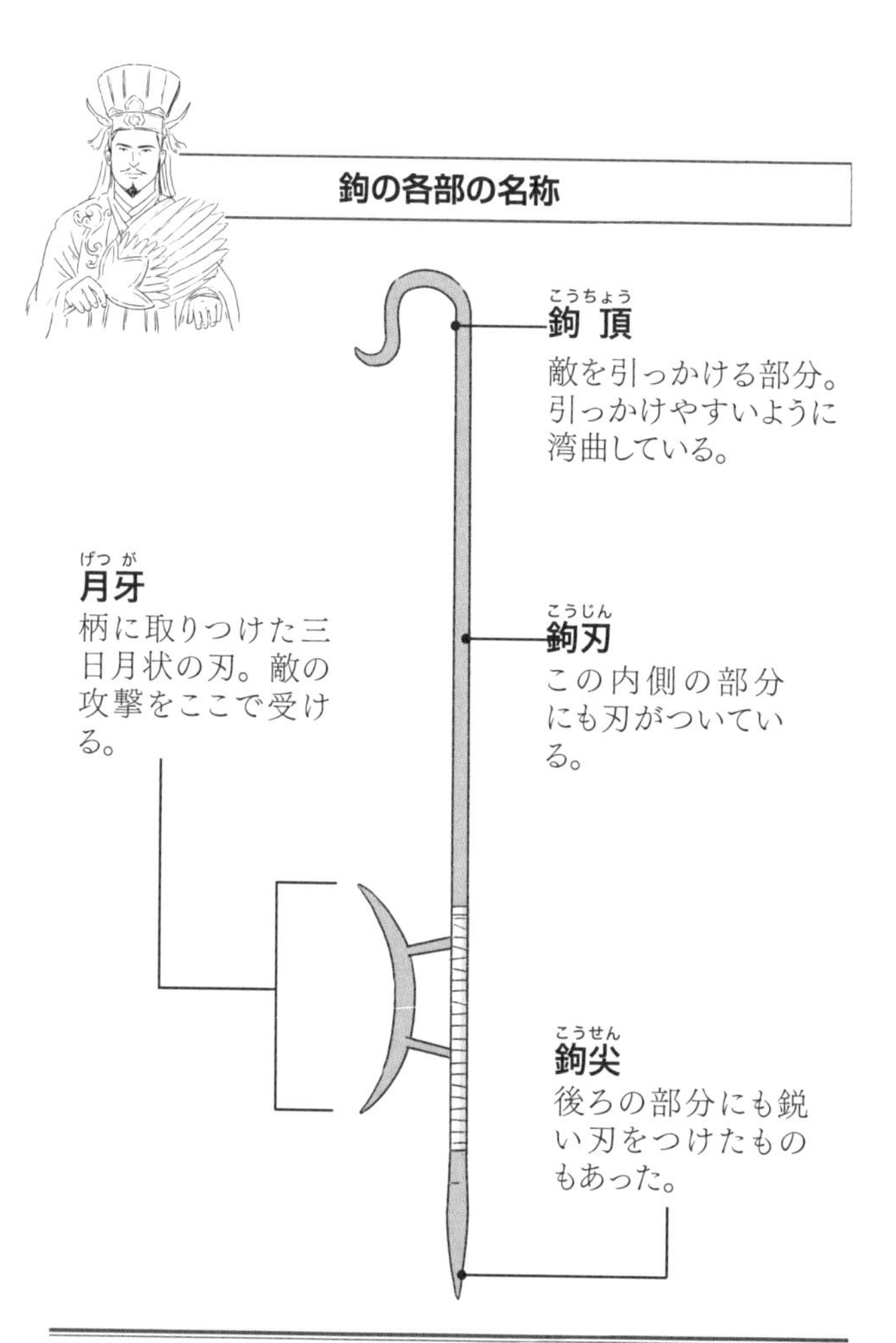

鉤の各部の名称
こうちょう
鉤頂
敵を引っかける部分。引っかけやすいように湾曲している。
げつが
月牙
柄に取りつけた三日月状の刃。敵の攻撃をここで受ける。
こうじん
鉤刃
この内側の部分にも刃がついている。
こうせん
鉤尖
後ろの部分にも鋭い刃をつけたものもあった。

（※1）**公孫淵**　後漢末以来、遼東半島は公孫氏の支配下にあり、公孫淵は魏に服従していたが、独立勢力のような存在だった。237年、魏から離反して燕を建国したが司馬懿に敗れて殺害された。

（※2）**曹叡**　魏の第2代皇帝。曹丕の子。

（※3）**田豫**　魏の武将。北方の異民族対策に力を発揮した。行政官としても優秀で、南陽太守、荊州刺史として活躍した。

大刀 だいとう

折れにくくするために大きくなった

刀の一種だが、刀よりも長く、全長で3メートルに及ぶものもあった。そのため重量もあり、鉄の鎧を着た敵兵にも打撃を与えることができた。

大刀の代表といえるものが青龍偃月刀（54ページ）である。青龍偃月刀は架空の武器だが、大刀自体は前漢(※1)時代（紀元前206年〜8年）に登場した「斬馬剣」を起源としている。斬馬剣は騎兵の馬を斬るために発明された剣で、折れやすいという剣の欠点を補うために刃を厚くした武器である。刃を厚くしたため、柄は長くなり、剣でありながら長兵器に分類される武器となった。

東晋(※2)時代（317年〜420年）の大刀が出土しており、三国時代にも青龍偃月刀ほど大きなものではないにしろ、大刀のような武器が使われていた可能性は大きいのではないだろうか。

大刀

刀刃（とうじん）
斬ることに特化した武器なので、刀刃は大きくなった。
刀身（とうしん）
全長は2～3メートルほどのものが多かった。

（※1）**前漢**　紀元前206年、劉邦によって建国された王朝。外戚として実権を握った王莽によって8年、滅ぼされた。後漢は、前漢皇室の末裔である光武帝によって建国された。劉備も前漢皇室の末裔を名乗って蜀漢を建国した。
（※2）**東晋**　魏から禅譲を受けて建国された西晋に続く王朝。

紀元前10世紀から使われた中国伝統の武器

戈 か

戈は長兵器の一種で、長い木製の柄の先に横向きに刃を縛り付けた武器である。刃は柄に対してほぼ直角に取り付けられることが多かった。刃は幅4～5センチメートルくらいで、前後に刃物が付けられていて、刃には穴が数個開いている。この穴に紐を通して柄に固定した。

戈は全長約1・5メートル以上はあり、間合いを取って敵を攻撃する。振り回して斬りつけたり、すれ違いながら敵を引っかけたりして使用した。もともと戈は戦車戦用に作られたもので、紀元前10世紀以前から使われた古い武器であった。戦車戦が減った三国時代では出番は減るが、それでも儀仗(ぎじょう)用に使われており、後漢末には宮中警備の兵士が戈を装備していた。「干戈(かんか)を交える(※1)」という慣用句があるが、「戈」は武器全般を意味しており、戈が武器を代表するものであったことがわかる。

戈の各部の名称

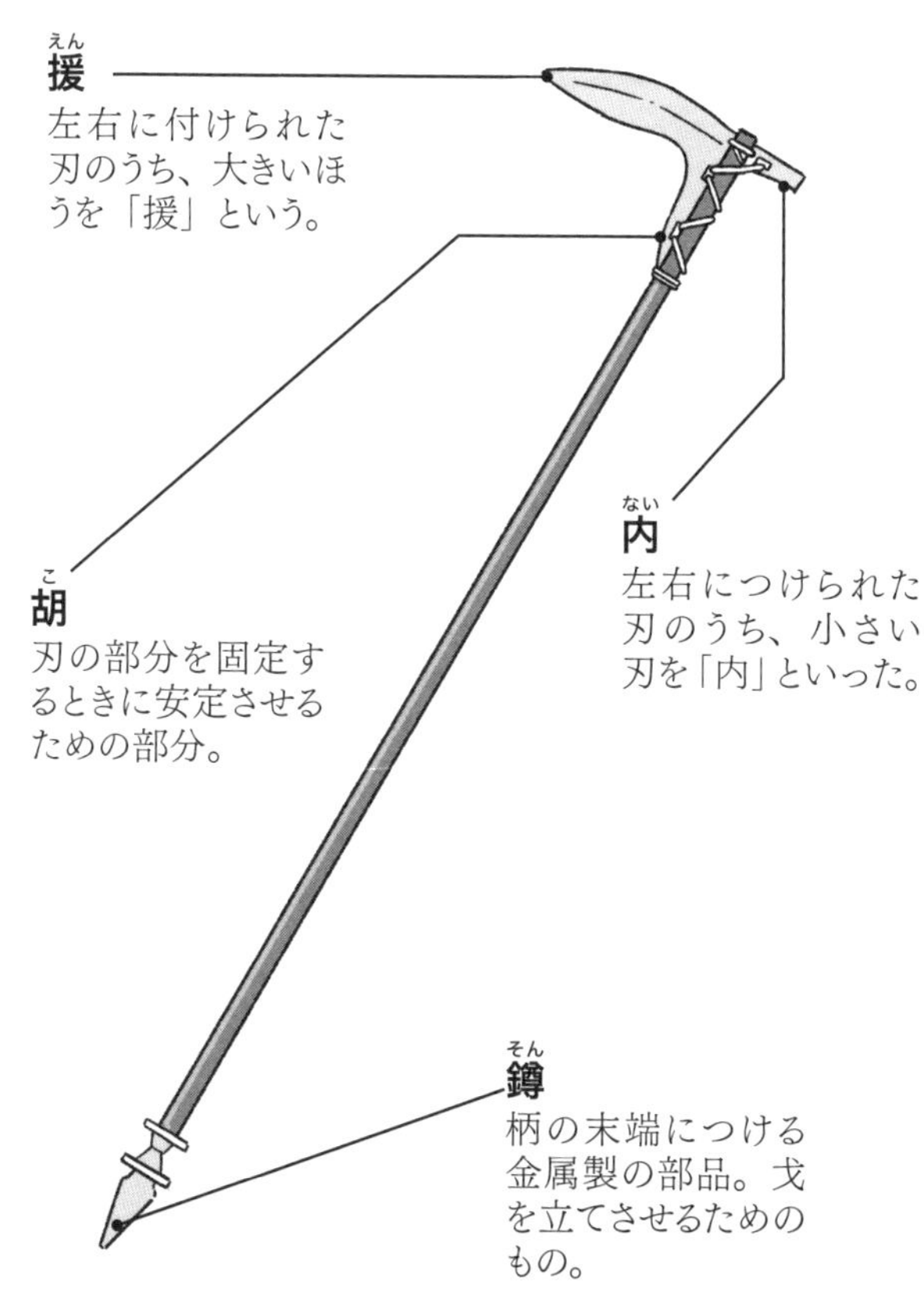

援（えん）
左右に付けられた刃のうち、大きいほうを「援」という。
内（ない）
左右につけられた刃のうち、小さい刃を「内」といった。
胡（こ）
刃の部分を固定するときに安定させるための部分。
鐏（そん）
柄の末端につける金属製の部品。戈を立てさせるためのもの。

（※1）**干戈を交える**　武器を使って戦う、戦争するという意味。「干」は盾を意味し、「戈」は武器を意味する。

戟 げき

戈と矛を組み合わせて殺傷能力を上げる

戈と矛を組み合わせた刃を柄の先端に取り付けた武器が戟で、三国時代には騎兵、歩兵ともに標準的に装備された武器である。刃の長さはだいたい40～70センチメートルくらいで、通常の矛よりも長く、全長は約3メートルだった。

戟には片手用と両手用があり、片手用は柄の長さを短くして、もう片方の手に盾を持てるようになっていた。

魏の武将・典韋(※1)は戟の使い手として有名で、2本の戟を常に手にして戦ったという。典韋の戟は通常の戟とは違って非常に重く、2本合わせて約17・8キログラムもあったといわれる。

戟は周(※2)の時代(前1046～前256年)から使われていた古い武器で、その後、唐(※3)の時代(618～907年)まで使われた。

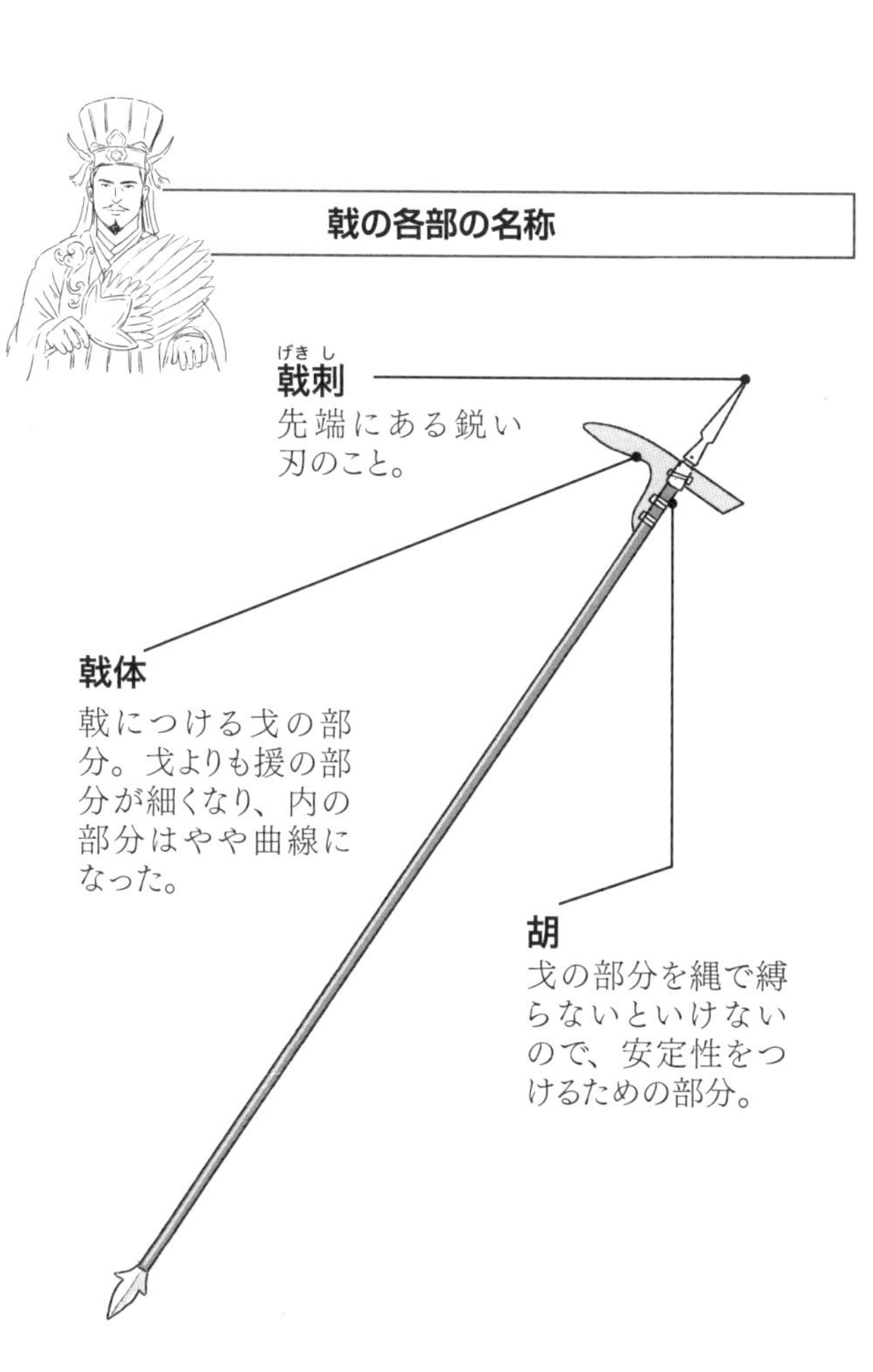
戟の各部の名称
げきし
戟刺
先端にある鋭い
刃のこと。
戟体
戟につける戈の部
分。戈よりも援の部
分が細くなり、内の
部分はやや曲線に
なった。
胡
戈の部分を縄で縛
らないといけない
ので、安定性をつ
けるための部分。

（※1）**典韋**　曹操の護衛役。197年、荊州で張繍が反乱を起こしたときにひとりで10人を相手に戦い、戦死した。

（※2）**周**　殷のあとの中国王朝。紀元前1046年頃に殷を滅ぼした。紀元前770年に洛陽に首都を移し、その後、中国は春秋時代に移る。

（※3）**唐**　隋のあとの中国王朝。政治、文化面で日本にも大きな影響を与えたことで知られる。

諸葛亮が考案したとされる矛に似た武器

槍　そう

矛（26ページ参照）のような形状をした鉄製の武器。矛よりも穂先が短く、矛が敵を突いて切り裂く武器であるのに対し、槍は相手を突くことに特化した武器である。そのため矛よりも軽く、矛ほど使用が難しくないという利点がある。

矛と似たような形状ながら、槍が開発されたのは意外と遅く、三国時代をその端緒とする。蜀漢の丞相・諸葛亮が開発者とされ、諸葛亮は槍を大量に作らせて兵士に装備させた。諸葛亮が作った槍は、長さが約3メートルだったという。中国の槍には穂先の下のところに紐の束が取り付けられているが（纓という）、三国時代の槍にはまだなかったと考えられる。

『三国志演義』では、蜀漢の趙雲(※1)が槍の名手として名高く、趙雲が使った槍は「涯角槍」と呼ばれている。

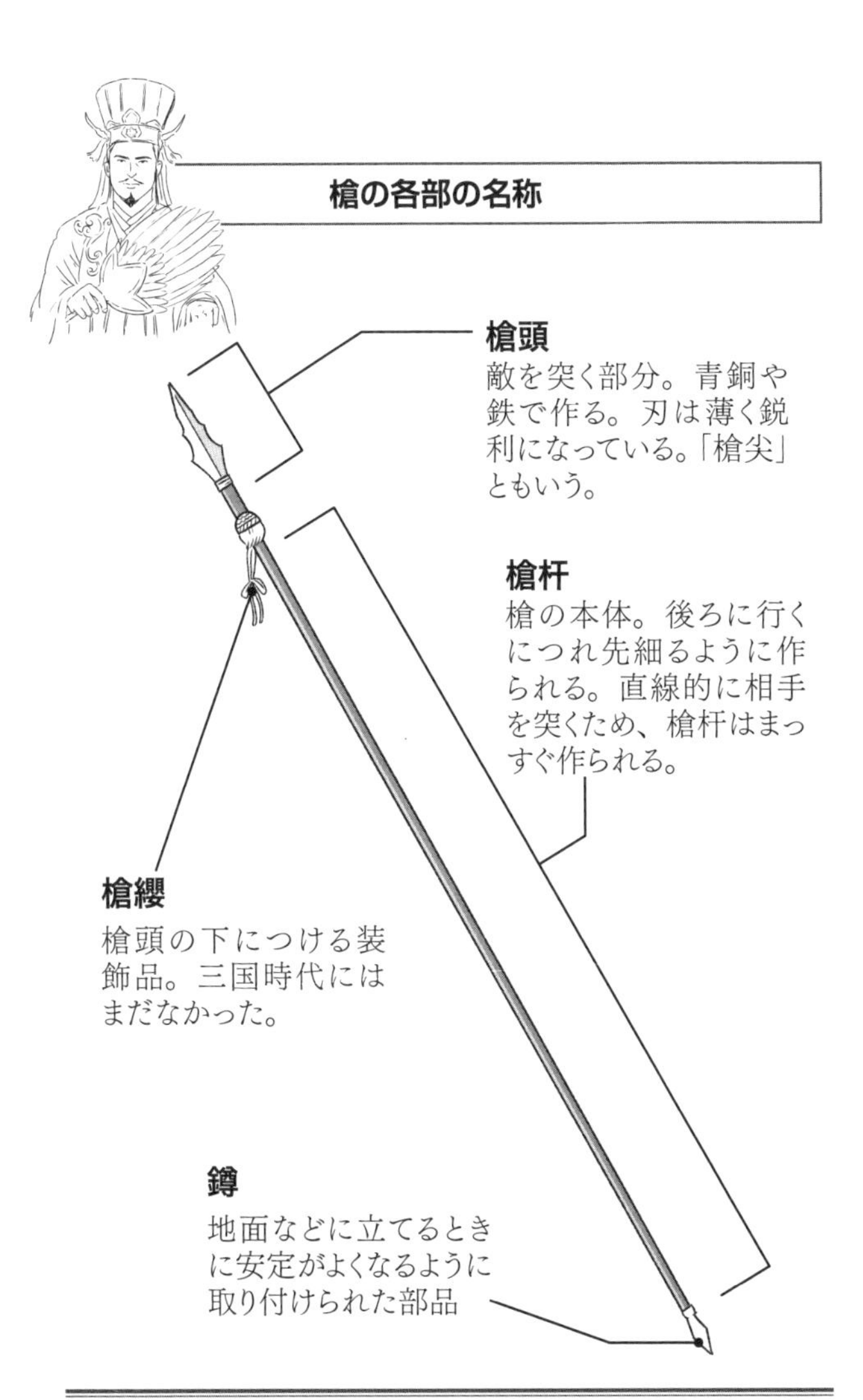
槍の各部の名称
槍頭
敵を突く部分。青銅や鉄で作る。刃は薄く鋭利になっている。「槍尖」ともいう。
槍杆
槍の本体。後ろに行くにつれ先細るように作られる。直線的に相手を突くため、槍杆はまっすぐ作られる。
槍纓
槍頭の下につける装飾品。三国時代にはまだなかった。
鐏
地面などに立てるときに安定がよくなるように取り付けられた部品

（※1）**趙雲**　蜀漢の武将。もともと幽州の公孫氏の配下にいたが、劉備が公孫氏のもとにいた頃に意気投合し、劉備が陶謙救援のために徐州に出陣した際に公孫氏のもとを離れ、劉備の配下となった。

しならない金属製の打撃用武器

鞭　べん

鞭は「むち」ではなく「べん」と読み、鞭は金属製であるため、むちのようにしなることはない。

鞭には硬鞭と軟鞭の2種類があり、三国時代に使われたのは硬鞭のほうである。硬鞭は刀に似た形状だが、刃はついておらず、柄に竹の節状の突起がついているのが特徴だ。刃がついていないということは斬りつけて攻撃する武器ではなく、敵を殴りつける武器ということである。三国時代は鎧や兜などの防具が発達した時代でもあり、硬い防具の上からでも叩きつぶしてダメージを与えられる、鞭のような武器も発達していった。

『三国志演義』では、県令に任命された劉備のもとにやってきた後漢の特使(※1)が無礼を働いたので、張飛が彼を縛って木に吊るし、鞭で殴ったという話がある。また、呉の武将・黄蓋(※2)は鉄鞭という武器を愛用している。

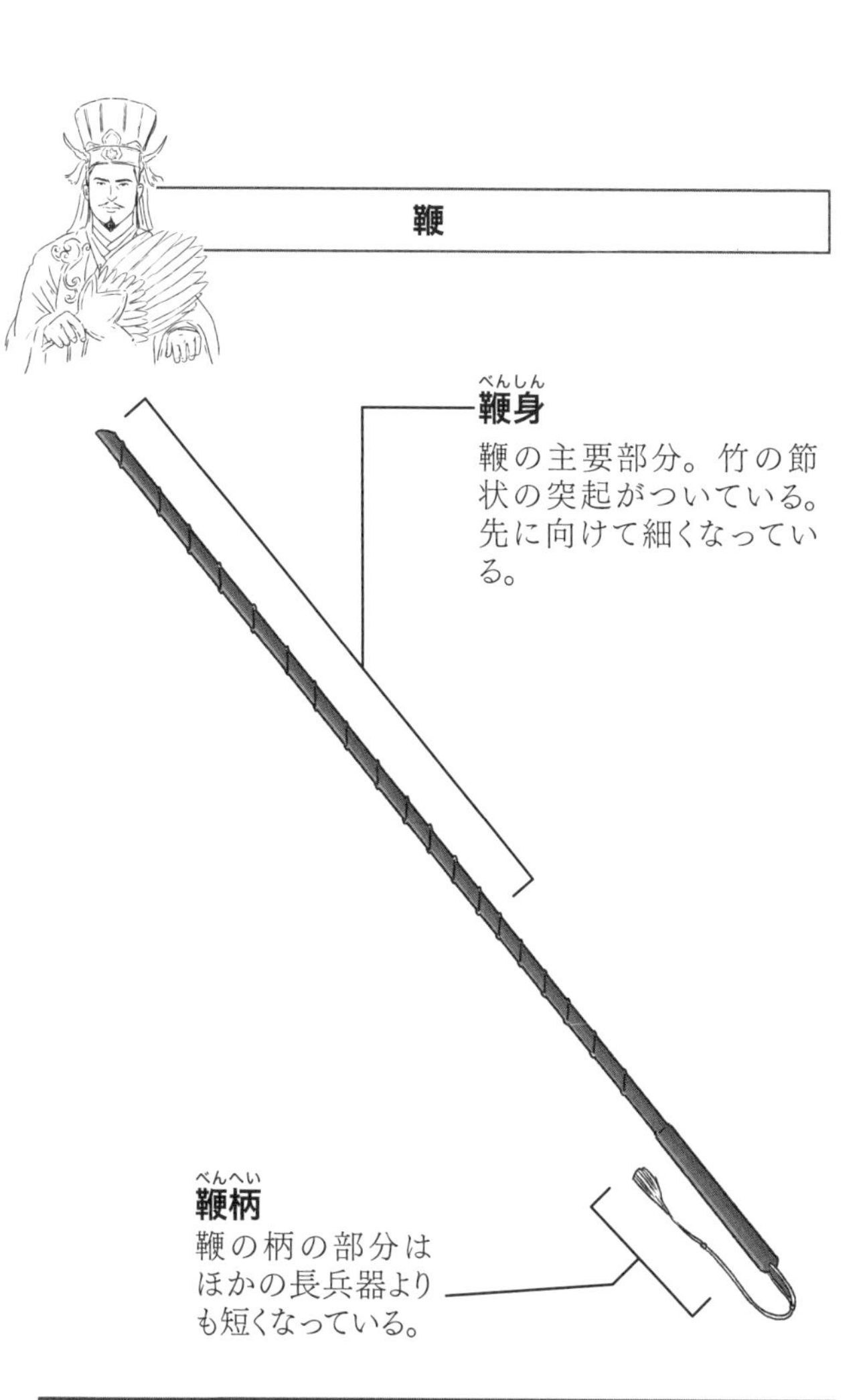

鞭
べんしん
鞭身
鞭の主要部分。竹の節状の突起がついている。先に向けて細くなっている。
べんへい
鞭柄
鞭の柄の部分はほかの長兵器よりも短くなっている。

（※1）**後漢の特使**　皇帝の特使で督郵という役職。正史ではとくに無礼を働いたという記述はなく、殴ったのも張飛ではなく劉備自身である。
（※2）**黄蓋**　呉の武将。孫堅が反董卓の兵を挙げたときからの古参の武将。赤壁の戦いでは、曹操に内応するふりをして曹操をだまし、曹操軍を壊滅させるという戦功を挙げた。

てこの原理で相手に大ダメージを与える

錘 すい

錘は、棒状の柄の先端に重り（錘）を付けた武器だ。使われる重りは球状の場合が多く、重りは木製、鉄製、青銅製などの種類がある。なかには、頑丈な木の塊で重りを作り、それをさらに鉄や青銅で覆ったものもあった。先端がかなり重くなっているので、攻撃するときはてこの原理を使って敵をなぐりつけ、金属製の鎧（よろい）や兜（かぶと）の上からでも相応のダメージを与えることができた。錘には長兵器と短兵器があり、長兵器だと全長が2メートルを超えるものもあった。短兵器の場合は1メートル以下で、片手に1本ずつ持てる大きさだった。このような2本セットの錘を「双錘（そうすい）」と呼ぶ。

錘は**戦国時代**（※1）（紀元前403～紀元前221年）にはすでに登場している武器で、儀仗用の武器として発達した。三国時代に鉄製の鎧が普及したことで武器として再発見されたという。

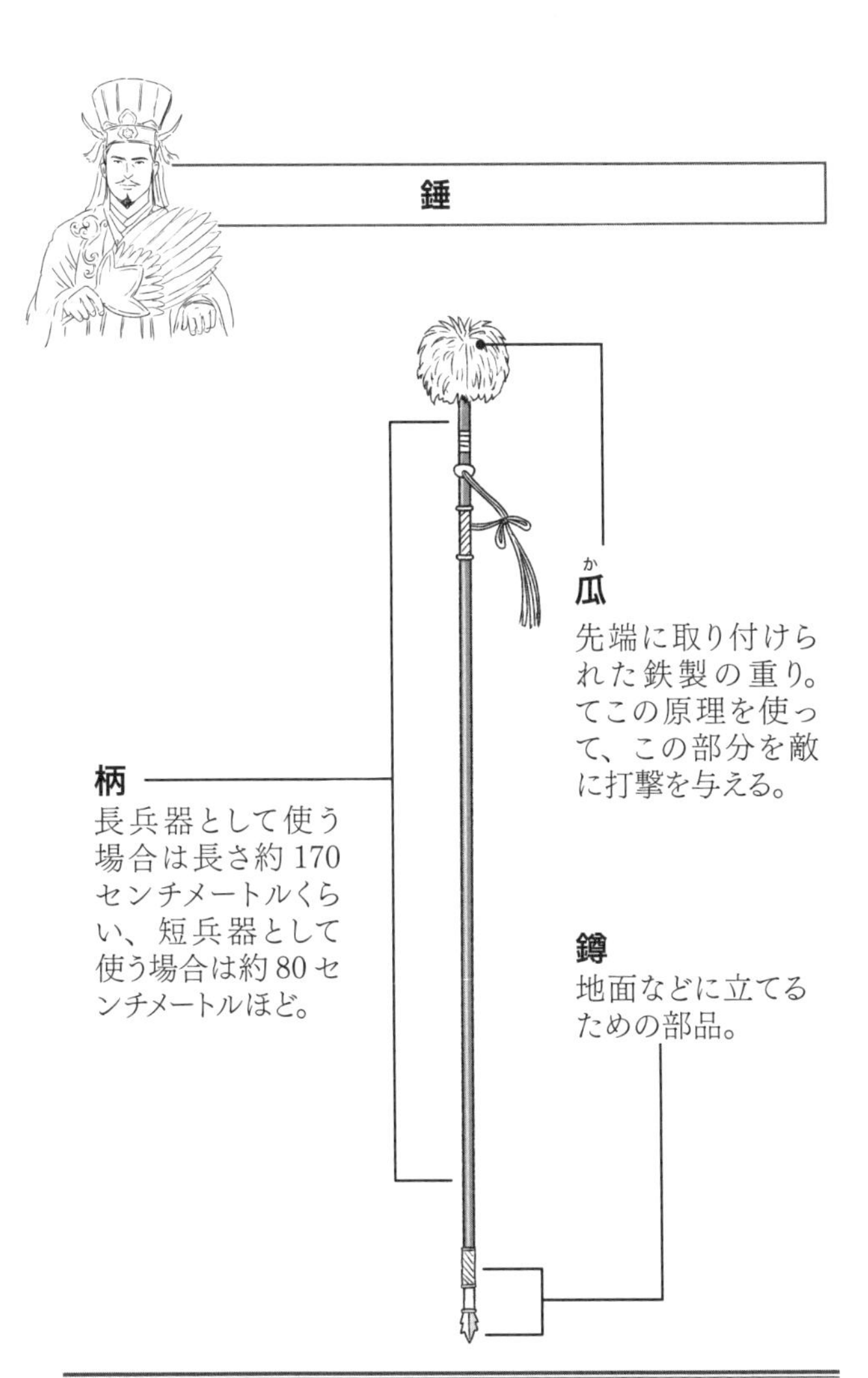

錘
瓜（か）
先端に取り付けられた鉄製の重り。てこの原理を使って、この部分を敵に打撃を与える。
柄
長兵器として使う場合は長さ約170センチメートルくらい、短兵器として使う場合は約80センチメートルほど。
鐏
地面などに立てるための部品。

（※1）**戦国時代**　春秋時代のあとの時代区分。紀元前403年に晋が韓・魏・趙の3国に分かれたのを契機にはじまるとされる。3国のほかに斉や秦、楚、燕などの国が勃興し、覇権をかけて各国が戦った。紀元前221年に秦が天下を統一した、戦国時代は終焉した。

暗殺用の武器としても使われた短剣

匕首 ひしゅ

匕首は剣の一種で、長さ20～30センチメートルくらいの両刃の鉄製の短剣である。懐に入れておけるくらいの非常に小さい武器なので、もっぱら護身用か暗器（暗殺用の武器）として使用された。接近戦で使うことがほとんどだったが、敵めがけて投げつけて攻撃するという使い方もあった。

212年、益州(※1)に身を寄せていた劉備はいよいよ益州簒奪に動きはじめた。益州刺史の劉璋(※2)はこれを知ると各所の関所を封鎖し、劉備の通過を妨げた。劉備はいったん荊州に引き上げるふりをし、そこに劉璋の部下である楊懐(※3)らが劉備たちの見送りに駆けつけた。酒宴を開いていた劉備は楊懐を招き入れると、楊懐が身に付けていた匕首を見て「将軍の立派な匕首を見せてほしい」といい、楊懐が手渡すと、「お前ら小僧どもが我ら兄弟の仲を裂こうというのか」といって楊懐を切り殺したという。

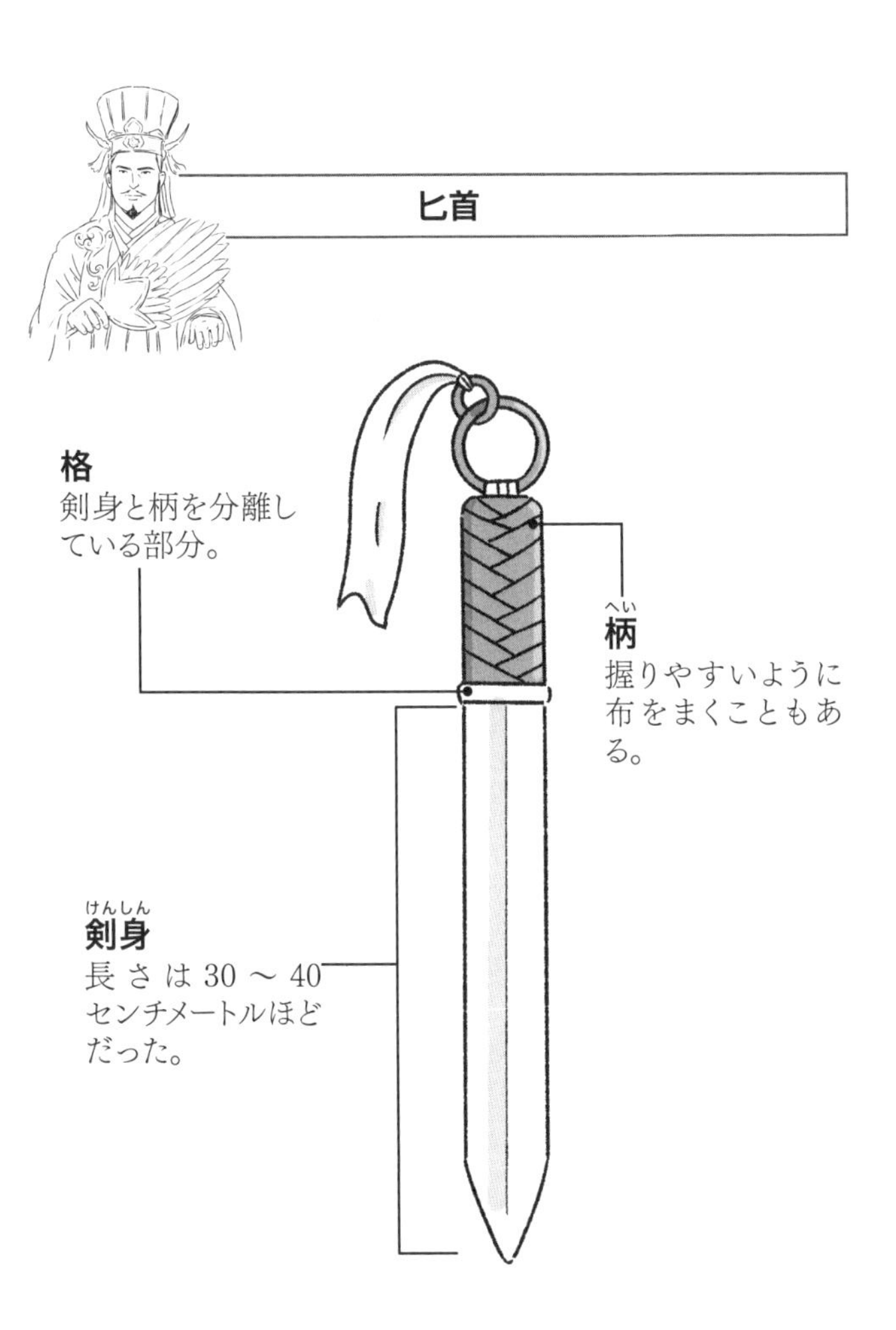
匕首
格
剣身と柄を分離している部分。
へい
柄
握りやすいように布をまくこともある。
けんしん
剣身
長さは 30 ～ 40 センチメートルほどだった。

（※1）**益州**　現在の四川省一帯の地域。

（※2）**劉璋**　父・劉焉のあとを継いで益州牧となる。曹操が漢中に侵攻してきたときに劉備に救援を求め、劉備を食客として招いた。しかし、214 年、劉備の裏切りにあって益州を劉備に奪われ、劉備の家臣となった。その後、呉の孫権に降っている。

（※3）**楊懐**　劉璋配下の武将。益州を代表する名将として知られていた。

三国時代に大活躍した投射兵器

弓 きゅう

三国時代の武器のなかでも、最もポピュラーなのが弓である。野戦、攻城戦、水上戦のいずれにも使われ、歩兵・騎兵を問わず装備した。当時の豪族の子弟は弓を習うのが慣習となっており、曹操の子・曹丕(※1)も5歳のときから弓を教えられ、8歳のときには馬上から見事に弓を射たという。ちなみに、騎兵は長さ70~90センチメートルくらい、歩兵は長さ140センチメートルくらいの弓を使ったという。

弓を使って動く敵に矢を命中させるためには相当な訓練が必要で、射撃種の技量が命中率を左右する。そのため、名手とされる人物も多数登場した。三国志の世界では呂布が射撃の名手として名高い。197年、袁術(※2)の配下・紀霊(※3)が劉備を攻めたとき、呂布が仲裁に入った。呂布は戟の小支を地面に差し、それを弓で射当てたら撤退せよと紀霊を脅し、見事に命中させて紀霊軍を震撼させたという。

弓の各部の名称

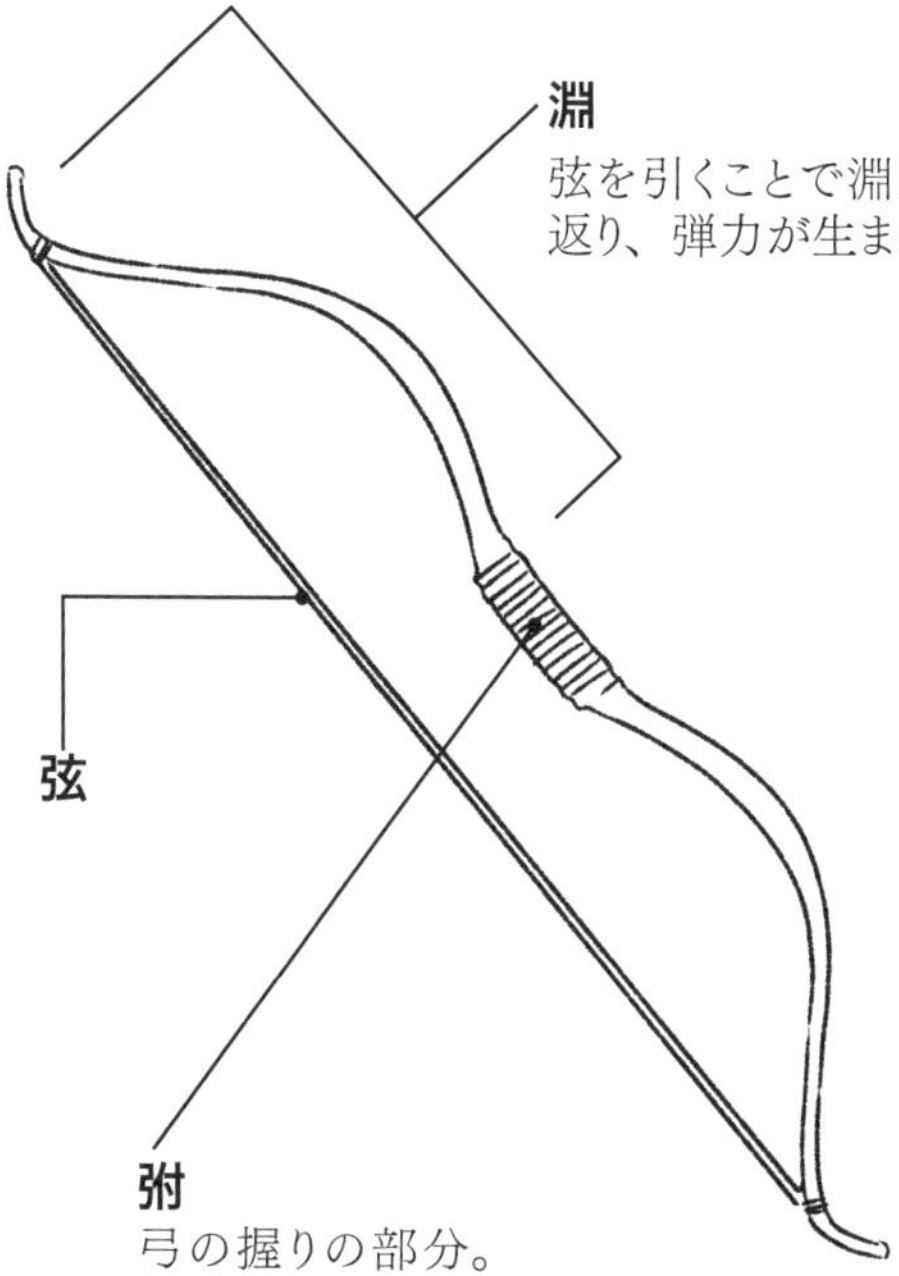

淵
弦を引くことで淵に大きく反り返り、弾力が生まれる。

弦

弣
弓の握りの部分。ここを中心にして左右対称に製作される。

（※1）**曹丕**　曹操の三男で、魏の初代皇帝。後漢皇帝の献帝に禅譲を迫り、後漢を名実ともに滅ぼした。
（※2）**袁術**　後漢王朝の名門・袁家のひとり。後漢末期の群雄のひとりとして頭角を現すが、197年に曹操に敗れて没落し、199年、失意のうちに病死した。
（※3）**紀霊**　袁術配下の武将。

相手に投げつけて使用するひも状の兵器

流星錘 りゅうせいすい

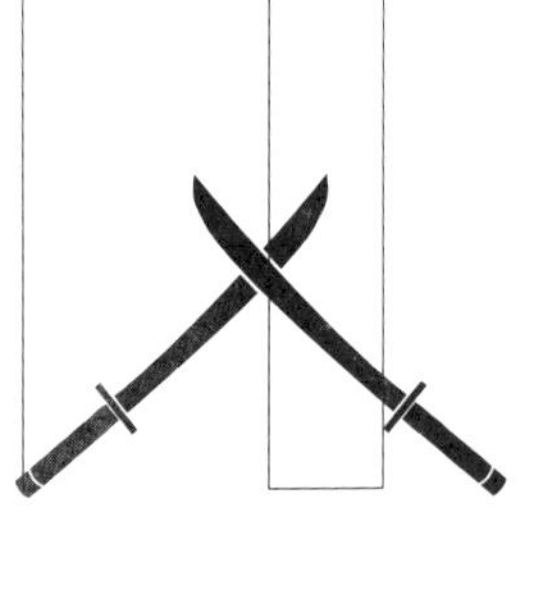

縄や鎖の先端に金属製の錘をつけた武器を「流星錘」といい、「流星鎚」ともいう。錘をつける縄や鎖は3メートルほどで、長いものになると10メートルにもおよぶものもあった。錘の重さはだいたい2～3キログラムほどだった。

なお、片方の先端にだけ錘をつけたものを「単流星」、両端に錘をつけたものを「双流星」という。

流星錘は宋(そう)(※1)の時代に中国に伝わった武器であり、三国志では『三国志演義』に登場する架空の武器である。黄巾(こうきん)賊(※2)の残党で、乱の鎮圧後に曹操(そうそう)に降っていた卞喜(べんき)が流星錘の使い手として登場する。200年、曹操のもとを去った関羽(かんう)が劉備(りゅうび)のもとに向かう際、沂水関(ぎすいかん)を守っていた卞喜と対峙する。卞喜は流星錘を投げつけて関羽に抵抗するが、関羽に斬殺されてしまった。

流星錘

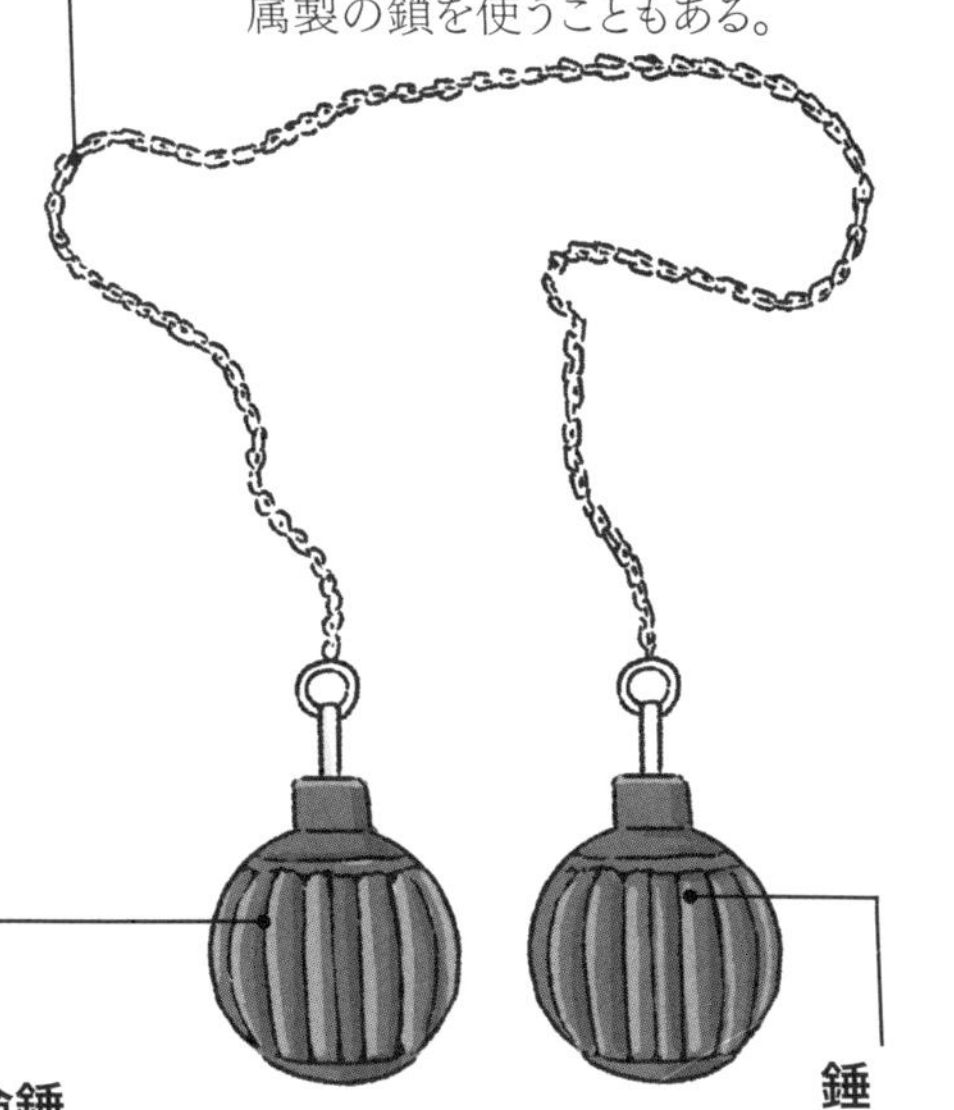

縄
軟質の縄を使う場合が多いが、金属製の鎖を使うこともある。
救命錘
双流星の場合、錘のひとつは手元にとどめておき、最後の手段として使う。
錘
縄の先端に取り付ける。重さは2～3キログラム。

（※1）**宋**　唐滅亡後の五代十国時代を経て、後周の武将・趙匡胤が建国した王朝。1279年、モンゴル帝国の元に敗れ滅亡した。

（※2）**黄巾賊**　184年に黄巾の乱を起こした反乱軍のこと。目印として黄色い布で頭をくるんだため「黄巾賊」と呼ばれた。

扱いが簡単だった器械仕掛けの弩

連弩　れんど

弩をもう少し大がかりにしたものに連弩がある。攻城戦によく使われた大型の弩で、多数の矢を連続して同時に発射できる器械である。15秒間に10発程度発射できたともいわれている。弩と同様、それほど熟練の技が必要というわけでなく、訓練が少ない兵士でも使える点がメリットだった。しかし、威力の点では弩に劣り、弓よりも射程距離は短かったため、近接戦で使用されることが多かった。

器械じかけとはいえ、戦国時代（紀元前5世紀～前3世紀）に考案されたもので、前漢[※1]時代（紀元前202～9年）に普及した。威力は弩に劣ったが、手にもてるほどの小型なもので訓練もいらなかったので農民でも使えたため普及したと考えられる。

『三国志演義』第116回、魏が蜀漢を攻めたとき、南鄭関を守っていた盧遜[※2]は連弩部隊を伏兵として使い、魏将・許儀[※3]の軍を破った。

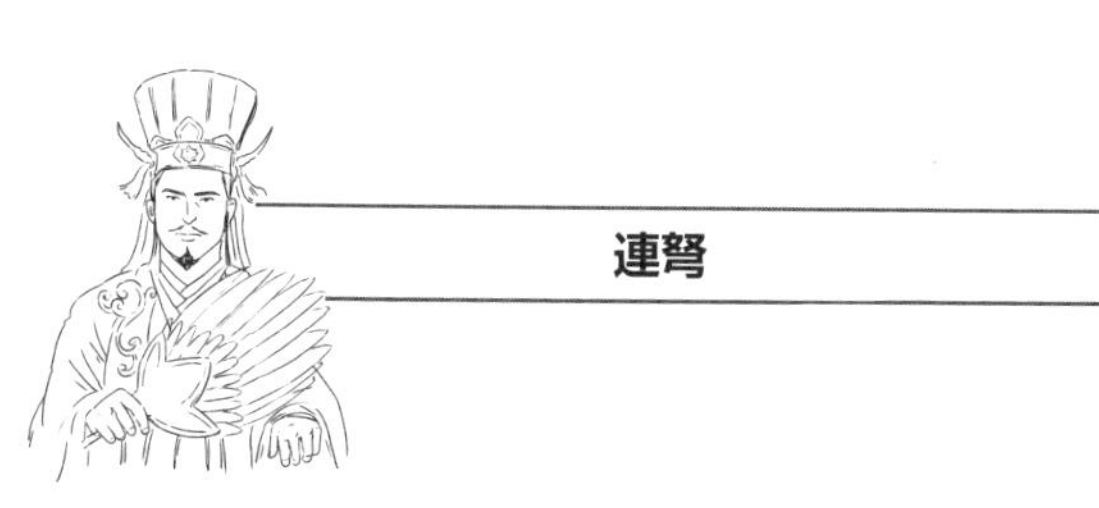
連弩

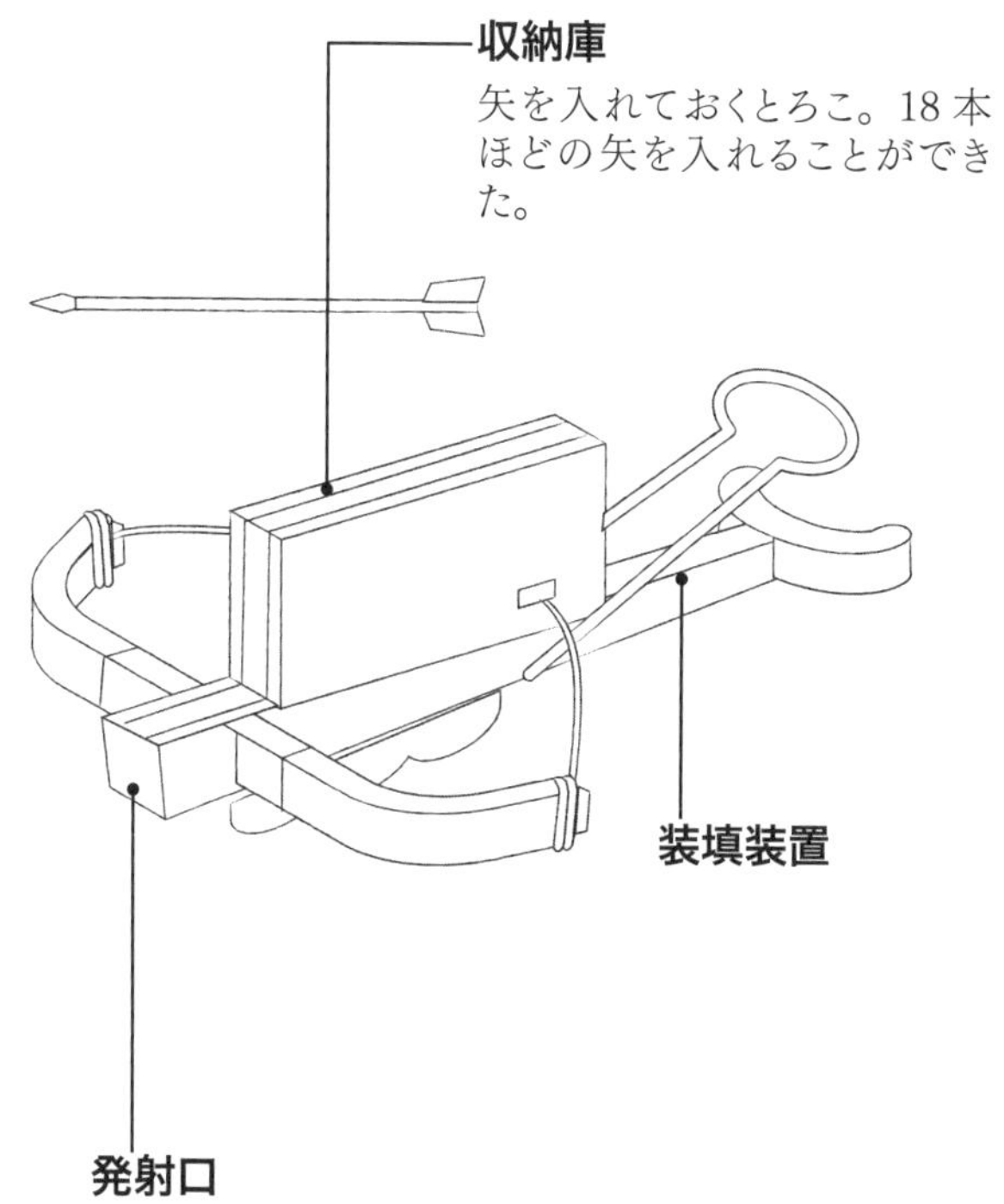
収納庫
矢を入れておくところ。18本ほどの矢を入れることができた。
装填装置
発射口

（※1）**前漢**→31ページ参照。

（※2）**盧遜**　『三国志演義』に登場する架空の人物。蜀漢の武将として登場する。

（※3）**許儀**　魏の武将。曹操、曹丕、曹叡の三代に仕えた許褚の子。263年の蜀漢侵攻戦で失態を犯し、将軍の鍾会に殺害された。

車両に搭載した大型の弩

床子弩 しょうしど

床子弩は弩の大型版で、連弩（れんど）よりも大きい器械じかけの弩である。使用には複数人が必要で、車両に搭載して矢を発射させた。矢といっても長さは約2メートルもあり、槍（そう）といってもいいような形状である。

床子弩の歴史も古く、**戦国時代**(※1)（紀元前5～前3世紀）には原型のようなものが作られた。連弩よりも古い武器で、床子弩が大きくて使いづらかったため、連弩が開発されたという経緯がある。

床子弩は対人戦で使用するというより、敵の軍艦や攻城用の戦車、城壁など目標が大きなものに対して使われた。また、城壁めがけて矢を放ち、矢を城壁に数本打ち込んで、それを使って城壁をよじ登るという使い方もされた。

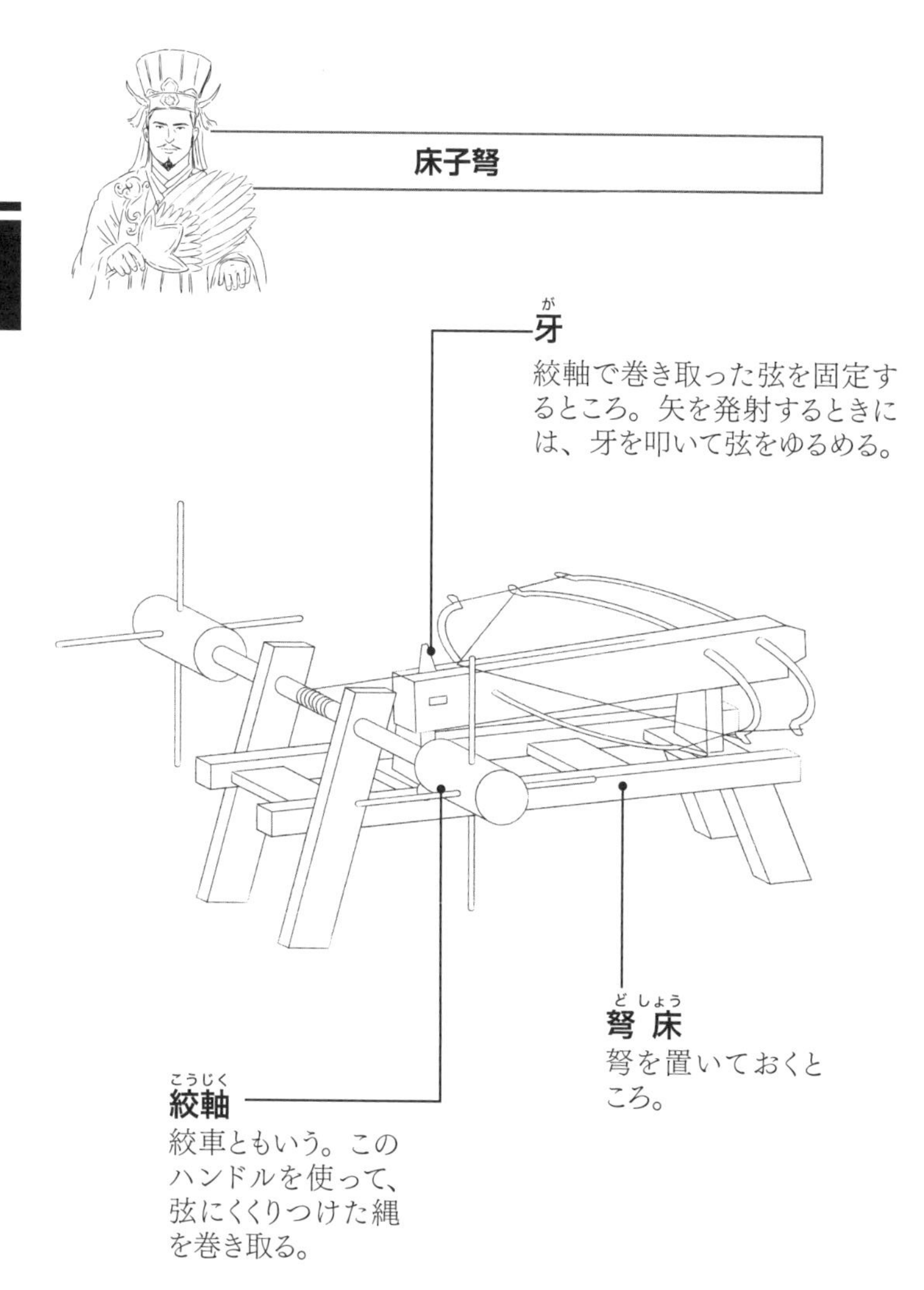

床子弩
牙（が）
絞軸で巻き取った弦を固定するところ。矢を発射するときには、牙を叩いて弦をゆるめる。
弩床（どしょう）
弩を置いておくところ。
絞軸（こうじく）
絞車ともいう。このハンドルを使って、弦にくくりつけた縄を巻き取る。

（※1）戦国時代→41ページ参照。

祝融夫人が打てば百発百中

飛刀 ひとう

武器を敵に投げつけるという発想は古来からあり、古代中国でも石礫や戟などが使われ、三国志の時代でも曹操軍の典韋(※1)をはじめ、太史慈や孫策も手戟を投擲武器として使っている。そんな中でも、投擲武器として異色なのは、南蛮王・孟獲(※2)の妻である祝融夫人が使う手裏剣である。祝融夫人は『三国志演義』内の架空の人物であるが、彼女は手裏剣の名手として描かれる。作中では「飛刀」と表記されている。

諸葛亮が南征を行ったとき、敗戦を重ねる孟獲軍の切り札的存在として登場する祝融夫人は、背中に5本の手裏剣を挿し、手には1丈8尺の槍を持ち、巻き毛の赤兎馬にまたがり、蜀漢軍と対峙した。蜀漢の張嶷と祝融夫人は馬を飛ばして一騎打ちを行い、祝融夫人は逃げながら、背後に迫る張嶷に対して手裏剣を投げつけると、空中から手裏剣が落下してきて張嶷の左肘に命中した。そして、救援に来た馬忠も祝融夫人に生け捕りにされた。

飛刀

針形
飛刀は日本でいう手裏剣のようなもの。先が尖った小型の刀を投げつける。

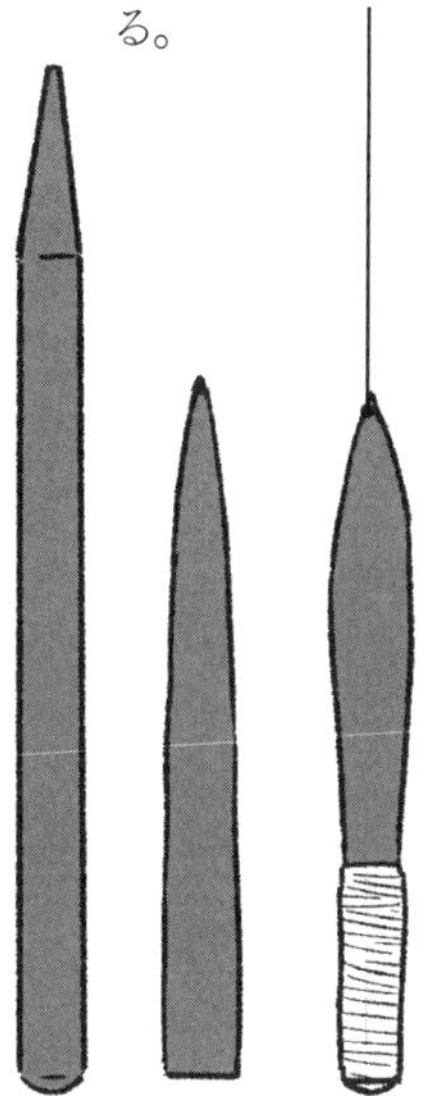

(※1) **典韋**→35ページ参照。
(※2) **孟獲**　南中の豪族。豪族の雍闓が蜀漢に反すると南中の人々を説得してまわり、雍闓死後は南中の君主に祭り上げられ、蜀漢に対抗した。諸葛亮の南征で敗退した。

関羽の魂を受け継ぐ青龍を備えた大刀

青龍偃月刀

せいりゅうえんげつとう

関羽が愛用する武器。偃月は半月、または半月よりやや細い月のことで、青龍偃月刀は刃が偃月の形をしており、刃と柄の接続部分に青龍の装飾が施されている。

『三国志演義』では、**桃園の誓い**(※1)の後、武具を揃えたときに作らせており、重さ82斤（明代の尺度で約49キログラム、三国代の尺度で約18キログラム）という巨大な刀だった。柄の長さは2メートルを超え、主に騎馬戦で使われた。以降、『三国志演義』に青龍偃月刀の名が登場するのは**樊城の戦い**(※2)で、関羽と龐徳が一騎打ちを行なったときなど数えるほどであるが、関羽が使った「刀」はすべて青龍偃月刀と考えていいだろう。

関羽戦死後、青龍偃月刀は呉軍の潘璋の手に渡ったが、その後、関羽の子・関興によって奪い返された。ちなみに、『水滸伝』に登場する関羽の子孫・関勝も青龍偃月刀を使っている。

青龍偃月刀

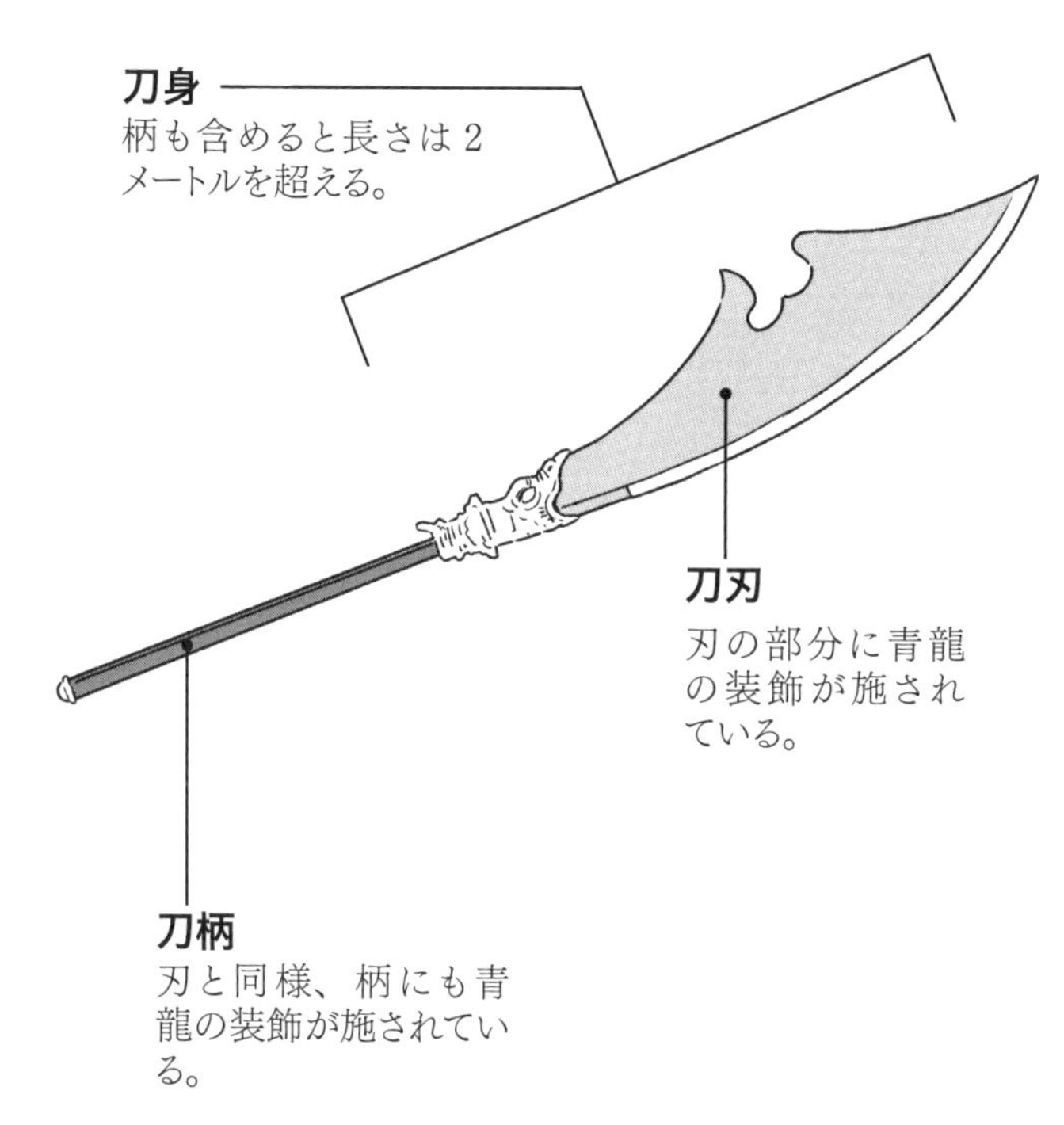
刀身
柄も含めると長さは2メートルを超える。
刀刃
刃の部分に青龍の装飾が施されている。
刀柄
刃と同様、柄にも青龍の装飾が施されている。

(※1) **桃園の誓い**　劉備と関羽と張飛が義兄弟の契りを結んだこと。『三国志演義』に登場する逸話で、史実ではない。
(※2) **樊城の戦い**　219年、劉備軍と曹操・孫権連合軍が荊州をめぐって戦った争い。関羽が敗死し、荊州は孫権の支配下に置かれることになった。

攻防を両立させた三国志最強の象徴

方天画戟

ほうてんがげき

三国時代に無類の強さを誇った呂布(※1)が、『三国志演義』のなかで愛用している武器で、方天戟と違って、月牙が片方に1つだけついている。単戟、戟刀と呼ばれることもあるが、呂布が使うものだけを、とくに方天画戟と呼ぶ。

大きさに関して『三国志演義』に記述はないが、呂布が1丈（三国時代の尺度で約2・4メートル。もちろん小説内での話）なので、かなり大きかったと思われる。現在の模造刀などは、だいたい2メートル前後で作られることが多い。

呂布以外にも使い手はおり、孫権が合肥で魏軍の張遼(※2)と戦ったとき、方天画戟の使い手である宋謙と賈華が、孫権の護衛を務めている。『三国志演義』での虎牢関の戦いでは、呂布は方天画戟を得物に、劉備、関羽、張飛の3人を相手に、たった一人で戦い勝利した。ちなみに、虎牢関の戦いは正史には記述がない。

方天画戟

戟刺
方天画戟は月牙が戈の役割を担うので、通常の戟のように援はない。
月牙
三日月状の鋭い刃物。方天画戟は片刃になっている。

（※1）**呂布**　もともと并州刺史・丁原に仕えていたが董卓配下となる。しかし董卓を裏切って殺害し、袁術のもとへ逃れた。その後は袁紹、張楊、張邈、劉備と手を結んでは離反し、198年、劉備を救援した曹操に斬られた。
（※2）**張遼**　曹操配下の武将。もともと并州刺史・丁原にしたがい、その後、董卓→呂布と主君を変えた。合肥の戦いで孫権を窮地に追い込む活躍をした。

古代中国を代表するポピュラーな武器

方天戟 ほうてんげき

戟は、枝刃のある矛で、中国では古代から使われていた武器である。方天戟は戟の一種で、刃の両側に月牙が左右対称についている。月牙は三日月状の刃で、相手の攻撃を受けるためのもので、防御と攻撃を同時に行なえる。柄は木製が多く、月牙で防御しながら、しなやかな動きで「斬る」「突く」「払う」「叩く」といった攻撃ができる。

ただし、方天戟は宋代以降に発明された武器で、正史に登場するのは戟のみである。方天戟の名は『三国志平話』や『三国志演義』から見られるようになる。

宋代の頃は方天戟はポピュラーな武器だったようで、『三国志演義』でも多くの武将が方天戟を所有している。劉備の死後の蜀漢で反乱を起こした高定(※1)が方天戟の使い手で、万夫不当の勇（一万人でも太刀打ちできない勇者）と称された。また、その配下・鄂煥(※2)も方天戟を使っている。

方天戟

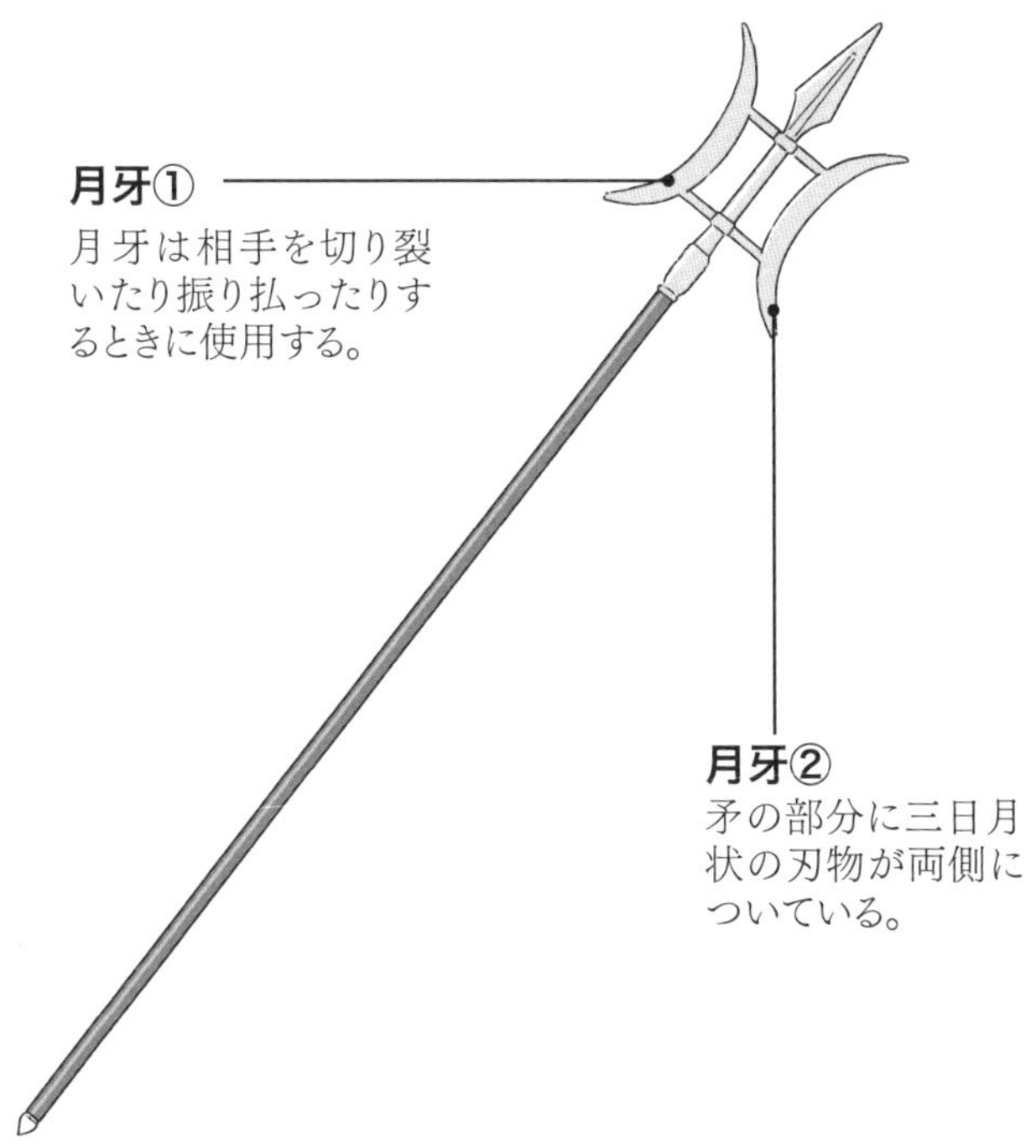
月牙①
月牙は相手を切り裂いたり振り払ったりするときに使用する。
月牙②
矛の部分に三日月状の刃物が両側についている。

（※1）**高定**　益州越嶲郡を支配していた異民族の王。225年、諸葛亮の南征によって平定され殺害された。
（※2）**鄂煥**　『三国志演義』に登場する架空の人物。高定の配下武将として登場する。

雌雄一対の剣

しゅういっついのけん

劉備とともに戦場を駆けた2本の剣

雌雄一対の剣は、劉備と関羽、張飛の3人が桃園の誓いの後、張世平と蘇双という商人から金銀500両、鑌鉄1000斤を贈られたときに、その金で劉備が作らせた剣である。1つの鞘に2本の剣をおさめるもので、通常の剣や刀より細身に作られることが多い。実際、『三国志演義』に雌雄一対の剣の名は登場せず、「雙股剣」と記されている。雌雄一対の剣自体は、『呉越春秋』（後漢初期に成立）に登場する干将・莫耶(※1)という雌雄剣のことで、どちらも2本の剣であることに違いはない。

劉備が雌雄一対の剣を使って戦う場面は、虎牢関の戦いにおける呂布戦である。劉備は2本の剣を抜いて、呂布を追いつめるが、呂布に敗れる。その後、劉備自ら剣をとって戦う場面は少ないが、劉備が劉璋(※2)配下の高沛・楊懐に暗殺されそうになったとき、宝剣を携えて備えるシーンがあり、この宝剣が雌雄一対の剣だと考えられる。

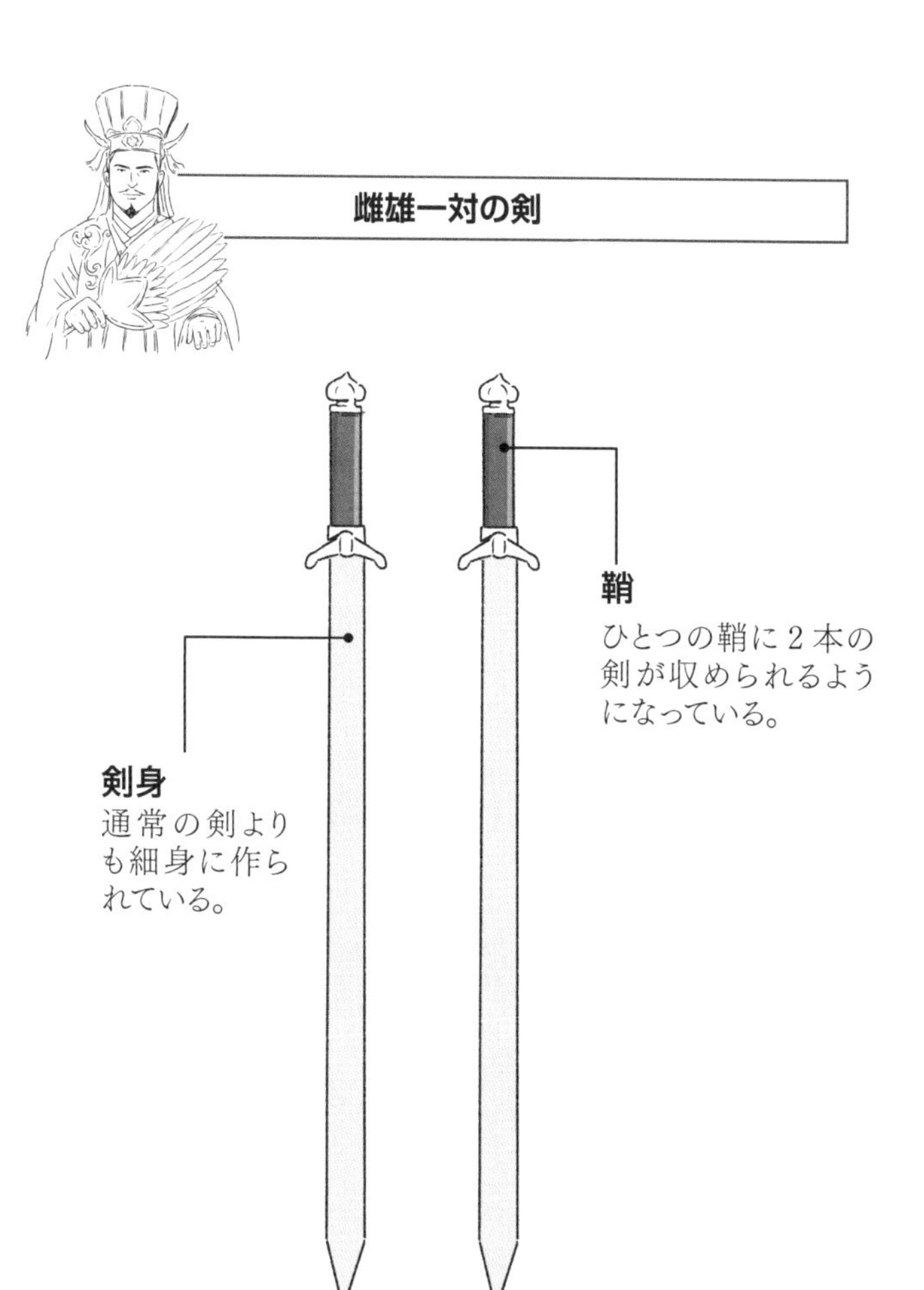
雌雄一対の剣
鞘
ひとつの鞘に2本の剣が収められるようになっている。
剣身
通常の剣よりも細身に作られている。

（※1）**干将・莫耶**　春秋時代に作られたとされる2本の剣。名剣として知られている。
（※2）**劉璋**→43ページ参照。

天帝を守る北斗七星

七星剣

しちせいけん

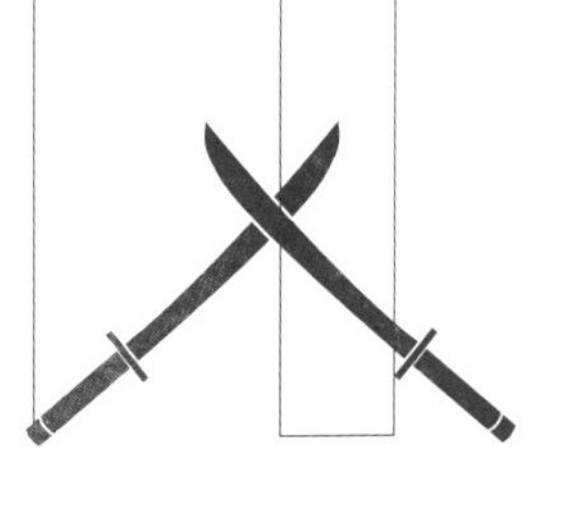

刀身に北斗七星が刻まれた剣で、主に儀式で使用された。古代中国では北極星が天帝を表し、北斗七星はその天帝を守ることを意味し、鎮護国家を目的として作られた宝剣だった。『三国志演義』では、**董卓**（とうたく）(※1)の暴挙に業を煮やした曹操（そうそう）が、**司徒**（しと）(※2)**王允**（おういん）(※3)から渡された七星剣で董卓を刺殺しようと試みた。このときの剣には7つの宝がはめ込まれており、長さ1尺(約24センチ)、刃はきわめて鋭利だった。曹操は、董卓の背後から忍び寄って七星剣を鞘（さや）から抜いたところ、董卓は鏡に映った曹操の姿を見てその企みに気づき、すぐさま振り向いた。すると曹操は、手に持った七星剣を両手で掲げて、「この宝刀を献上させていただきたく思います」と言って董卓に手渡し、その場をしのいだのである。

この場面で、七星剣は曹操が武器として使っているが、「宝刀」と称しても差し支えないほど立派な装飾が施されており、やはり、もとは儀式用に作られたものだろう。

七星剣

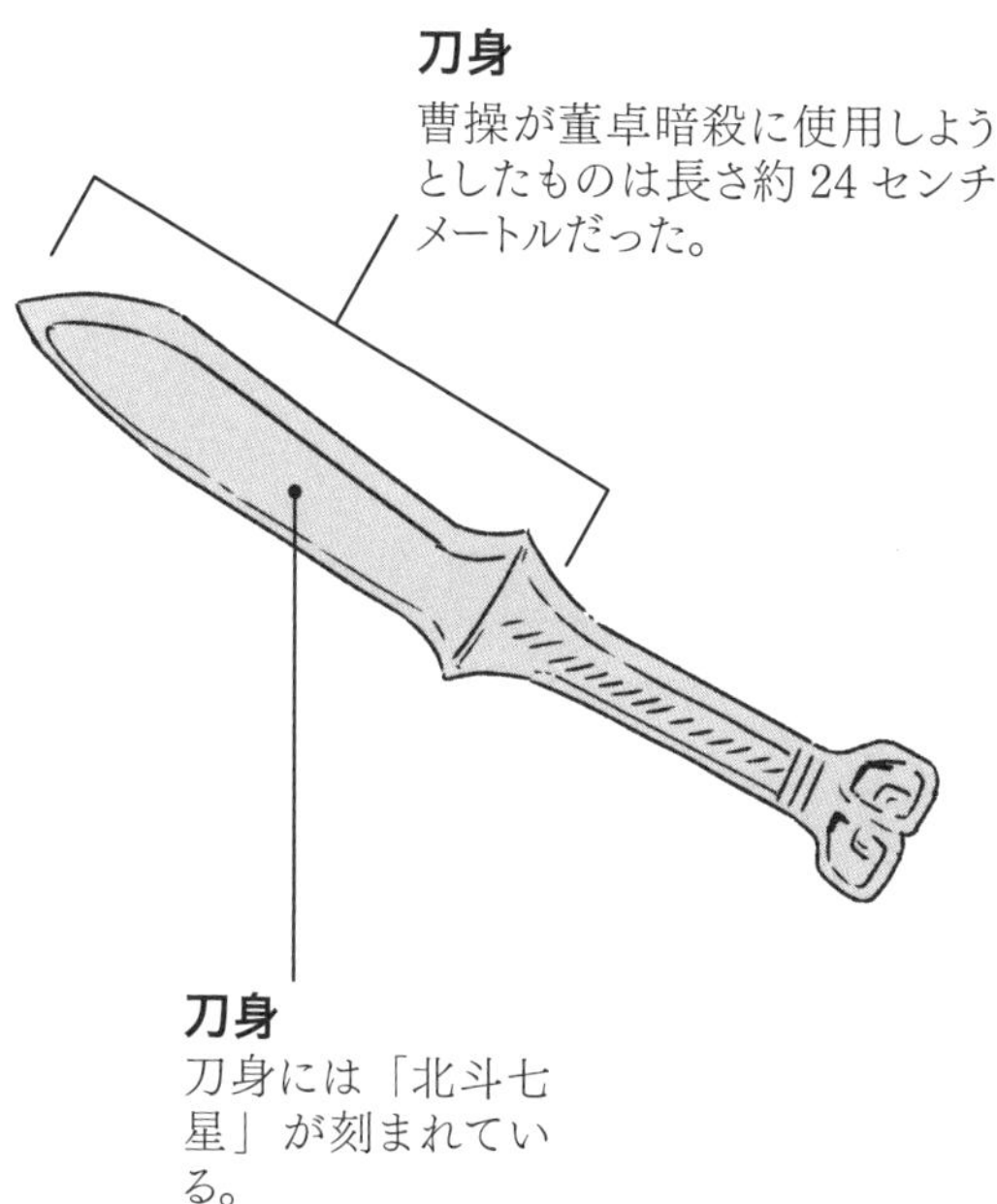
刀身
曹操が董卓暗殺に使用しようとしたものは長さ約 24 センチメートルだった。
刀身
刀身には「北斗七星」が刻まれている。

（※ 1） **董卓**→ 23 ページ参照。

（※ 2） **司徒**　後漢王朝の官職。司空と太尉とともに「三公」のひとつの官職であり、後漢王朝では最高位。

（※ 3） **王允**　後漢の官僚。黄巾の乱鎮圧に活躍後、何進による宦官虐殺計画に参画。董卓政権下でも重用されたが、董卓暗殺を計画し、呂布を仲間に引き込み実現させた。

殺傷力を高めた張飛愛用の武器

蛇矛 だぼう

蛇矛は、『三国志演義』のなかで張飛(ちょうひ)が桃園(とうえん)の誓いの後に作らせた武器である。長さ1丈8尺(約4・3メートル)もあり、剣先がうねるように蛇行しており、その形を蛇に見立てて蛇矛という。敵を斬りつけたとき、その複雑な剣先で切り口を広げてダメージを大きくし、傷の治りが遅くなることで感染症になることも多く、戦場から撤退してから死に至らしめるという武器だった。

『三国志演義』には、張飛以外にも蛇矛の使い手として、呉(ご)軍の程普(ていふ)(※1)が登場する。程普は、孫堅(そんけん)の代から呉に仕える武将で、董卓(とうたく)軍の武将・胡軫(こしん)(※2)を討ち取り、孫堅の仇敵でもある黄(こう)祖(そ)を甘寧(かんねい)(※3)とともに討ち取るなど、その勇猛ぶりを発揮している。

当然ながら、蛇矛は『三国志演義』の創作であり、実際に張飛は使っていない。蛇矛が現れるのは15世紀のことである。

蛇矛

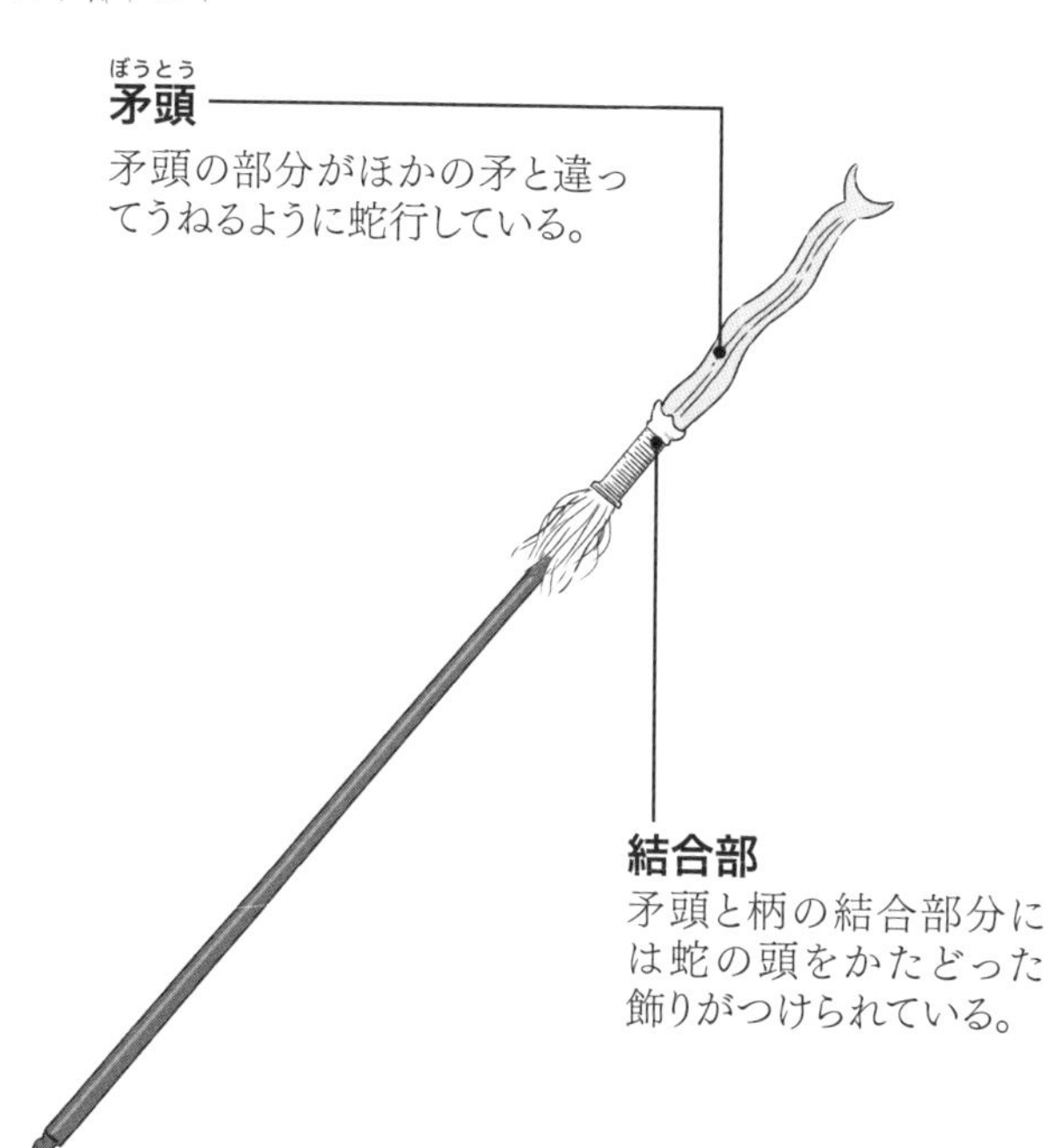

ぼうとう
矛頭
矛頭の部分がほかの矛と違ってうねるように蛇行している。
結合部
矛頭と柄の結合部分には蛇の頭をかたどった飾りがつけられている。

(※1) **程普**　呉の武将。孫堅が黄巾討伐に立ち上がったときから孫家に仕える。孫権のもとでは周瑜とともに孫権の片腕となり、赤壁の戦いでも戦功を挙げた。

(※2) **胡軫**　董卓配下の武将。董卓死後は王允にしたがうが、董卓配下だった李傕に降った。

(※3) **甘寧**　呉の武将。劉表配下の黄祖を討ち、赤壁の戦いでは周瑜とともに曹操軍を破る。216 年の濡須口の戦いでも曹操軍を破った。

猛将徐晃が振り回した長柄の斧

大斧 だいふ

大斧は、木を伐採するために使った斧を武器化したもので、刃はついているが打撃を主体とする。斧は古代から使われていた武器だが、大斧は重装備兵を打ち倒すために宋代以降に考案された長柄の斧で、両手で扱う。

『三国志演義』では使い手が多く、まず韓馥(※1)配下の潘鳳が大斧を引っ提げて華雄(※2)と戦っている。また、長坂の戦いで曹操陣に単騎で突撃した趙雲に対して、鍾縉が大斧を振りかざして迎え撃った。そのほか、樊城の戦いで攻勢に出る関羽に対し、魏軍の将軍・徐晃が大斧をもって一騎打ちを行っている。徐晃は、このとき関羽と80合あまり打ち合い、右ひじを怪我していた関羽を後退させることに成功した。

また、開山大斧という武器もあり、これは山を開墾するときに使われた三日月形の斧で、『三国志演義』では韓徳(※3)や徐質(※4)などが使っている。

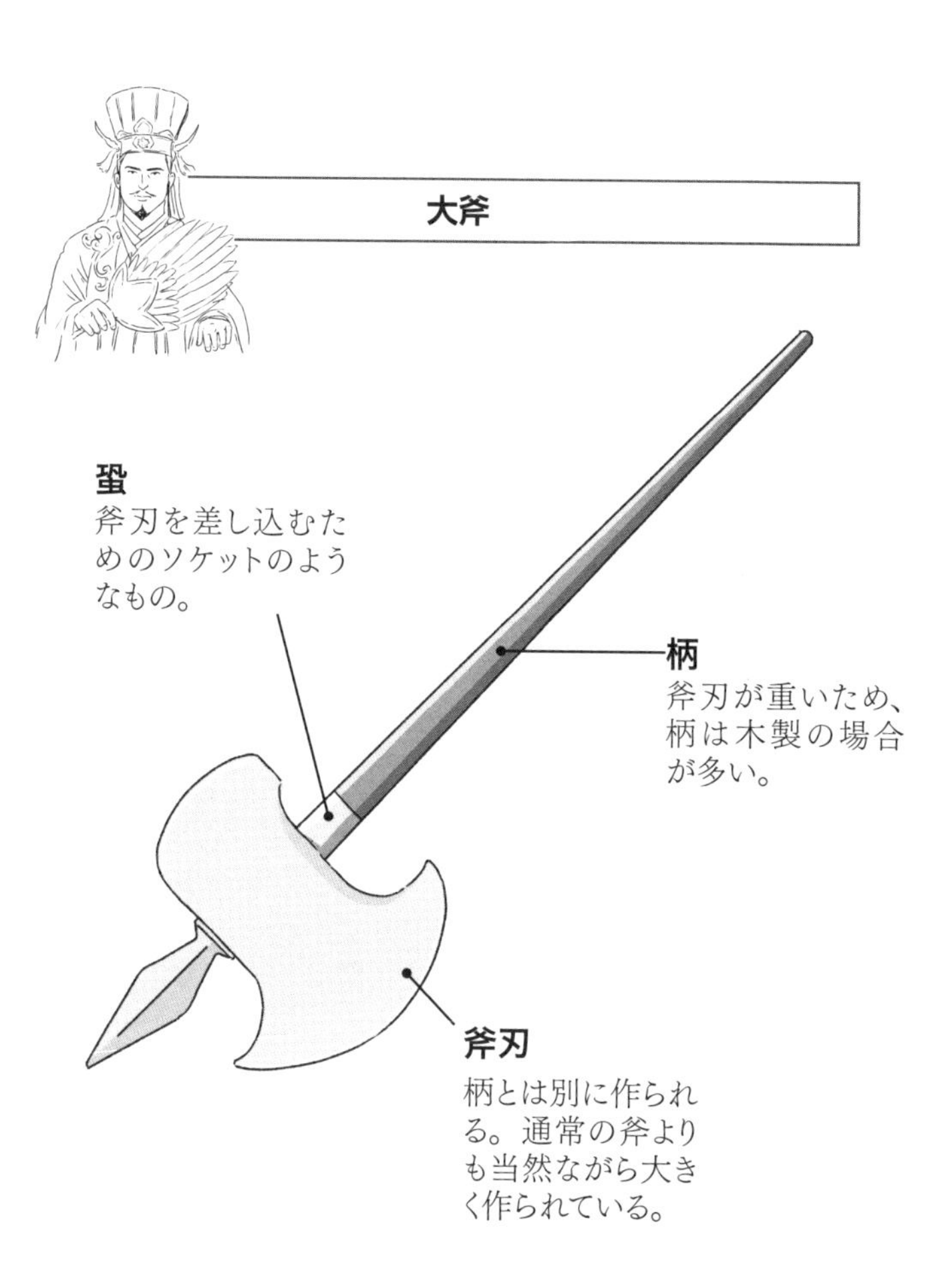

大斧
銎
斧刃を差し込むためのソケットのようなもの。
柄
斧刃が重いため、柄は木製の場合が多い。
斧刃
柄とは別に作られる。通常の斧よりも当然ながら大きく作られている。

（※1）**韓馥**　後漢の武将。董卓政権下で冀州刺史となるが、反董卓連合に参加して董卓に反旗を翻す。袁紹ともに幽州牧の劉虞を皇帝に擁立しようとするが果たせず、最終的に冀州を袁紹に奪われて没落した。

（※2）**華雄**　董卓配下の武将。孫堅と戦って敗れ、処刑された。

（※3）**韓徳**　『三国志演義』に登場する架空の人物。魏の武将で、趙雲との戦いで敗れる。

（※4）**徐質**　魏の武将。漢中に侵攻した蜀漢の姜維と戦うが敗死した。

趙雲に奪われた切れ味抜群の曹家の宝剣

青釭の剣

せいこうのけん

青釭の剣は曹操が作らせた剣で、倚天の剣と対をなし、合わせて「青釭倚天」ともいう。柄の部分には、金で青釭の2文字が刻まれており、切れ味鋭く、鉄を泥のように斬った。『三国志演義』にだけ登場する武器で、正史には登場しない。

曹操は、この青釭の剣を寵愛する**夏侯恩**(※1)に与えていた。夏侯恩は、**長坂の戦い**(※2)に従軍した際に、敵陣に突入してきた蜀漢軍の**趙雲**(※3)と相まみえた。そのとき夏侯恩は、青釭の剣を背負い、鉄の槍で趙雲と対決したが、わずか一合戦っただけで趙雲に打ち取られてしまった。

趙雲は青釭の剣を奪い取り、曹操陣内で馬延、張顗、焦触、張南の4将と、青釭の剣を抜いて戦った。1対4という絶対不利な戦況であったが、趙雲が青釭の剣を振り下ろすと、敵の鎧かぶとは一刀両断され、泉のように血が吹き出した。趙雲は危機を脱し、無事に劉備の子・阿斗を救いだしたのである。

青釭の剣

剣身
切れ味鋭く、鉄を泥のように斬ると形容されるほどだった。

柄
金で「青虹」という2文字が刻まれている。

（※1）**夏侯恩**　『三国志演義』に登場する架空の人物。曹操配下の武将として登場する。
（※2）**長坂の戦い**　208年、荊州に侵攻した曹操軍が劉備軍を破った戦い。赤壁の戦いの前哨戦ともいえる。
（※3）**趙雲**→37ページ参照。

関羽と引き分けた紀霊が愛用した長刀

三尖両刃刀

さんせんりょうじんとう

三尖両刃刀は、剣先が三叉に分かれた幅広の両刃の刀で、長刀に属する。馬上からも扱えるように柄は長く作られることが多く、主に「突く」「斬る」の攻撃を行う武器である。『三国志演義』では袁術[※1]配下の紀霊[※2]が使っているが、実際は明代以降に開発された武器だ。

紀霊は重さ50斤（約11キログラム）の三尖両刃刀の使い手だった。劉備軍と袁術軍が対峙したとき、紀霊は三尖両刃刀をもって関羽と戦い引き分けている。

また、魏の武将・晏明[※3]も、三尖両刃刀を得意にし、長坂の戦いでは阿斗を抱いて逃走する趙雲に戦いを挑んだが、3合も戦わないうちに趙雲の槍のひと刺しで討ち取られた。

三尖両刃刀は、『西遊記』や『封神演義』にも登場しており、中国の古典小説ではポピュラーな武器のひとつである。

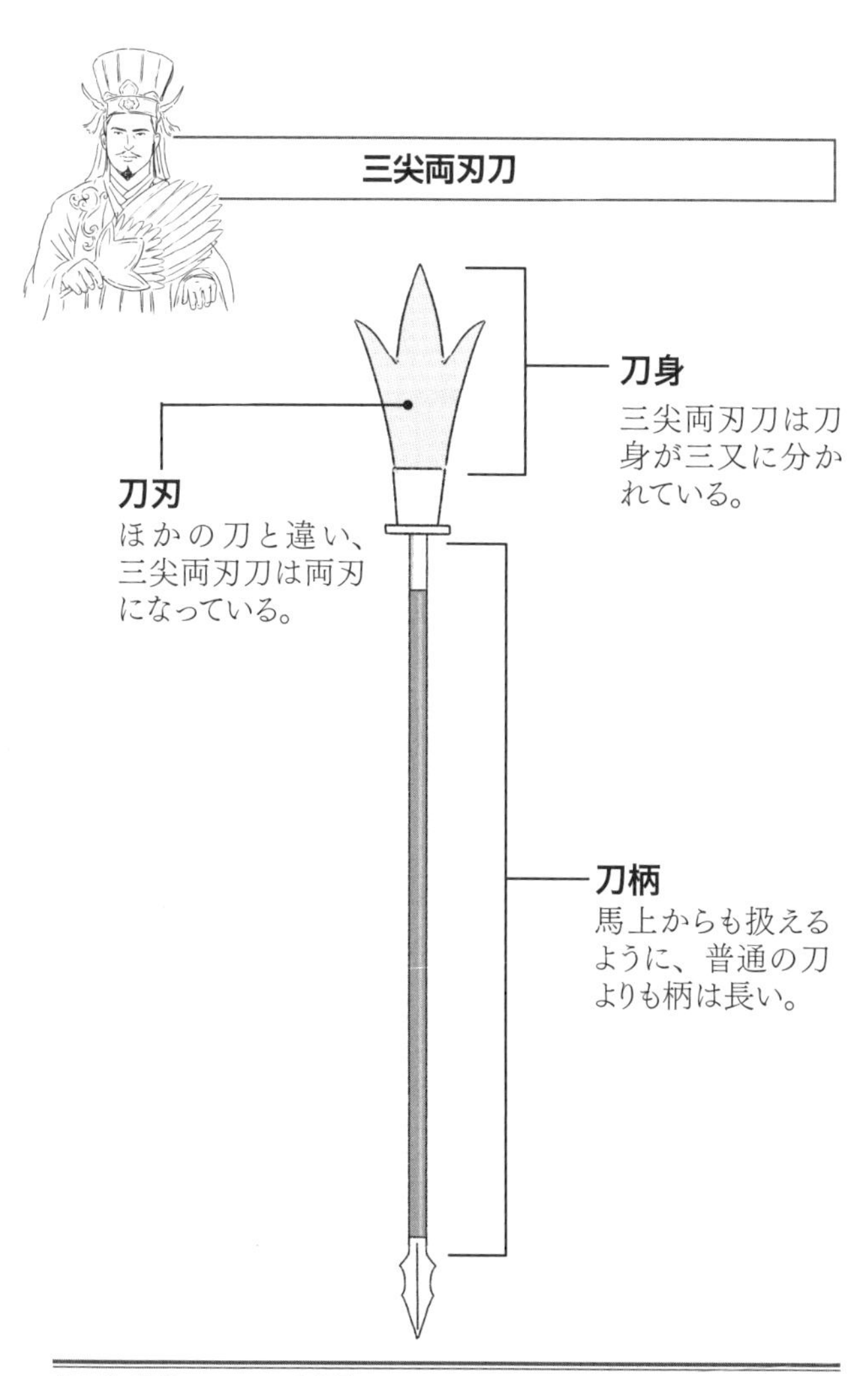
三尖両刃刀
刀身
三尖両刃刀は刀身が三又に分かれている。
刀刃
ほかの刀と違い、三尖両刃刀は両刃になっている。
刀柄
馬上からも扱えるように、普通の刀よりも柄は長い。

(※1) **袁術**→45ページ参照。

(※2) **紀霊**→45ページ参照。

(※3) **晏明** 『三国志演義』に登場する架空の人物。曹操配下の武将として登場する。

天をも貫き曹操の覇道を支える

倚天の剣

いてんのけん

倚天の剣は、曹操が青釭の剣とともに作らせた2ふりの宝剣のうちの1本で、「天を貫く」という意味が込められている。青釭の剣は、長坂の戦いで夏侯恩(※1)が趙雲に奪われてしまったが、倚天の剣は曹操が所有したままである。しかし、倚天の剣の名が登場するのは、その長坂の戦いのときだけで、曹操の数多の戦のなかで、倚天の剣が登場することはない。

ただし、曹操が得意とした武器は、おそらく剣だったと思われる。曹操は、十常侍の粛清のときから剣を使っており、董卓を追って滎陽で呂布と対峙したときも、やはり剣をふるっている。また、袁術を寿春に攻めたとき、袁紹との天下分け目の決戦となった官渡の戦い、袁紹の後継・袁尚(※2)を鄴で敗走させたとき、馬超との潼関の戦い(※3)など、曹操は剣を携えて自ら軍を指揮している。これらの戦いの描写に倚天の剣の記述はないが、夏侯恩が青釭の剣を持って戦場に臨んでいたように、曹操の手元にも倚天の剣があったに違いない。

倚天の剣

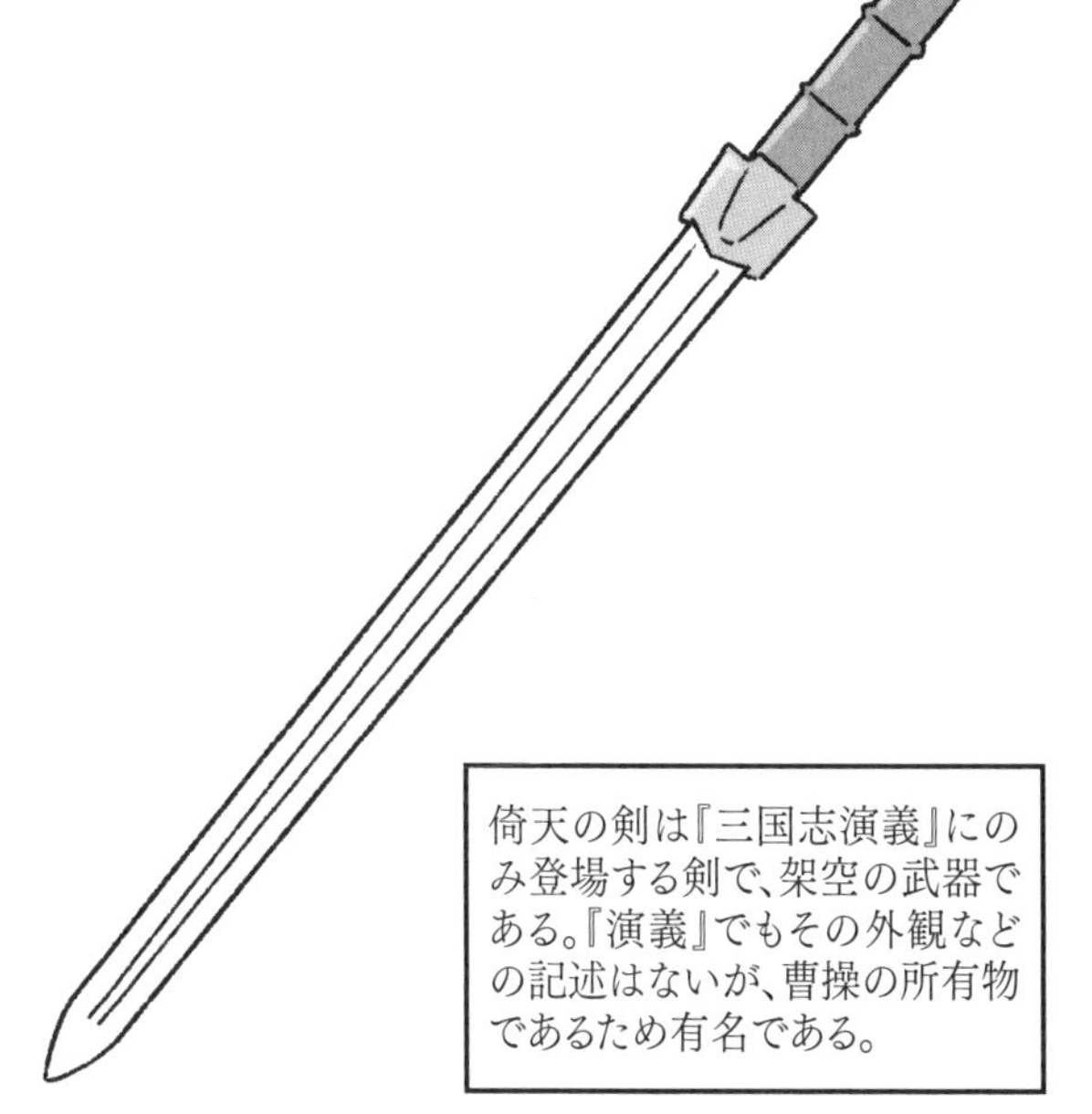

倚天の剣は『三国志演義』にのみ登場する剣で、架空の武器である。『演義』でもその外観などの記述はないが、曹操の所有物であるため有名である。

（※ 1）**夏侯恩**→ 69 ページ参照。

（※ 2）**袁尚**　袁紹の死後、兄の袁譚と後継争いを演じ、袁氏滅亡のきっかけを作った。その後、曹操に攻められ遼東の公孫康のもとへ逃れるが、曹操に恐れをなした公孫康に斬られた。

（※ 3）**潼関の戦い**　211 年、漢中の張魯征伐に出陣した曹操に対し、馬超・韓遂を中心とした関中の諸将が反旗を翻した戦い。曹操が勝利する。

江東の虎にこそふさわしい古代の刀

古錠刀 こていとう

古代中国の守備隊で作られた刀のひとつで、その切れ味は抜群であったという。その形は伝わっていないが、古代中国の刀は一般的に刀身が幅広に作られていたので、古錠刀も同様の形をしていたと考えていいだろう。

『三国志演義』では、〝江東の虎〟(※1)と呼ばれた孫堅(※2)の武器として登場する。孫堅は、反董卓連合軍に参加したときに白銀の鎧を身につけ、赤い帽子をかぶって古錠刀を下げ、またらのたてがみの馬に乗って先鋒として名乗りを上げた。孫堅は、迎撃してきた董卓の配下武将・華雄の猛攻にさらされ、かささぎの装飾が施された鵲画弓で反撃するも、弓が折れてしまい逃走を余儀なくされている。

その後、『三国志演義』に古錠刀の名は登場しないが、孫堅が劉表(※3)の軍と戦ったとき、劉表軍の武将・呂公と一騎打ちを行っており、このとき使用したのが古錠刀であろう。

古錠刀

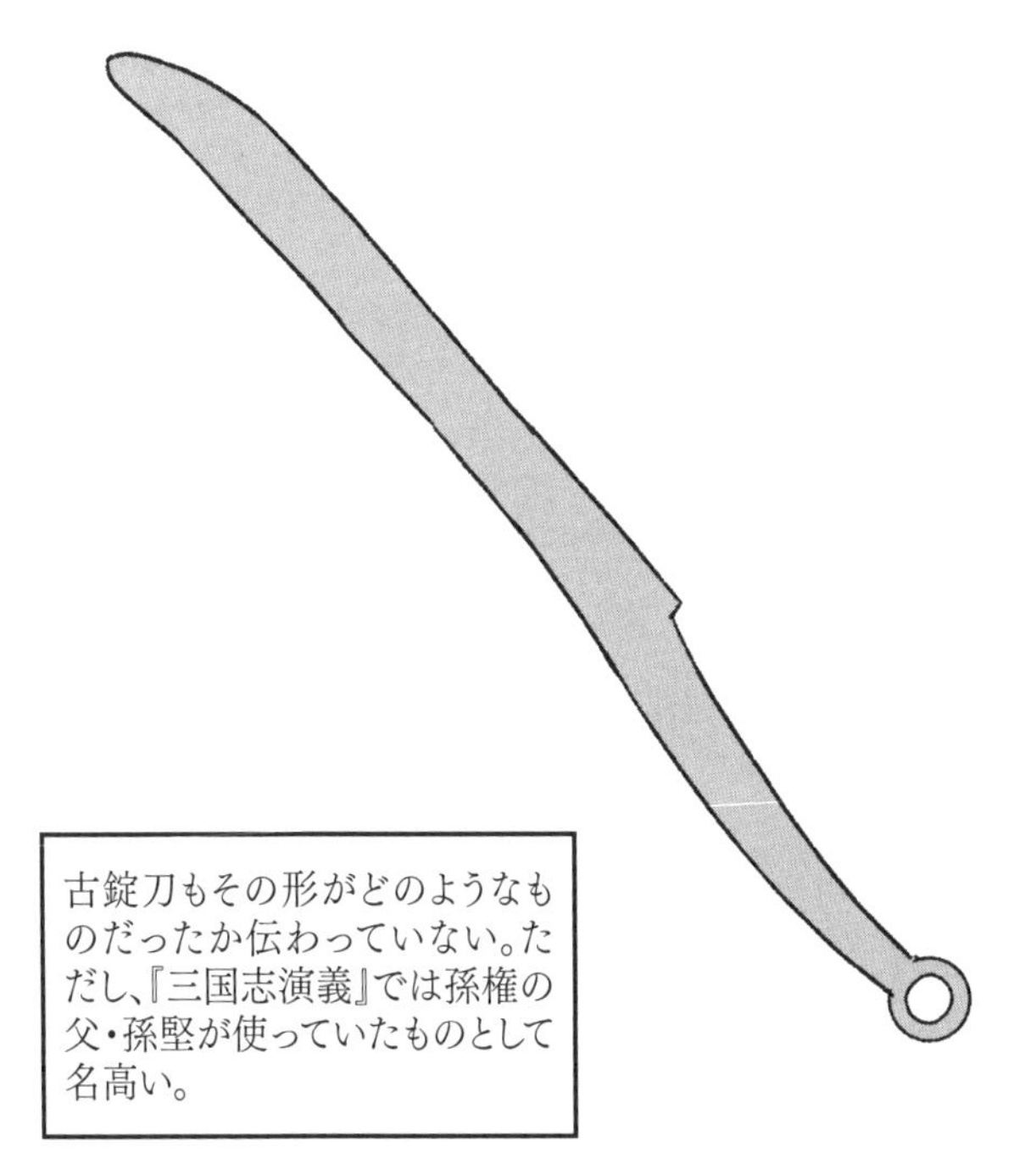

古錠刀もその形がどのようなものだったか伝わっていない。ただし、『三国志演義』では孫権の父・孫堅が使っていたものとして名高い。

（※1）**江東**　長江下流域一帯の地域を指す。

（※2）**孫堅**　孫権の父。黄巾の乱の鎮圧に参戦して頭角を現す。董卓政権下では反董卓の群雄として名を連ねた。荊州の劉表との戦いで戦死。

（※3）**劉表**　荊州刺史。荊州をめぐって孫堅と争い、これを破る。その後、劉備と結んで曹操と対立するが、曹操の荊州侵攻の直前に病死した。

三国志を彩る二刀流

双刀

そうとう

孫堅配下の祖茂が得意としたのが、双刀である。孫堅が董卓を攻めたとき、董卓の配下・華雄に敗れたが、祖茂は孫堅の赤い帽子をかぶって孫堅になりすまして華雄をおびきだし、孫堅を逃がした。祖茂は双刀をふるって華雄と戦ったが、華雄によって斬り殺された。

双刀は、劉備の雌雄一対の剣と同じように、1本の刀を真っ二つに割ったような2本の刀で、二刀流で使う武器である。中国では双刀を有刀ともいい、一般的には短兵器として使われている。

『三国志演義』では、関羽の千里行で登場する洛陽太守韓福(※1)の配下・孟坦も双刀を使っていた。関羽と対峙した孟坦は、関羽を伏兵の場所までおびき出そうと双刀で戦いを挑んだが、関羽に一刀両断されてしまった。また、袁紹の三男・袁尚(※2)も双刀の使い手として登場する。袁尚は、徐晃(※3)の配下・史渙と一騎打ちを行い、三合も戦わないうちに史渙を打ち負かした。

双刀

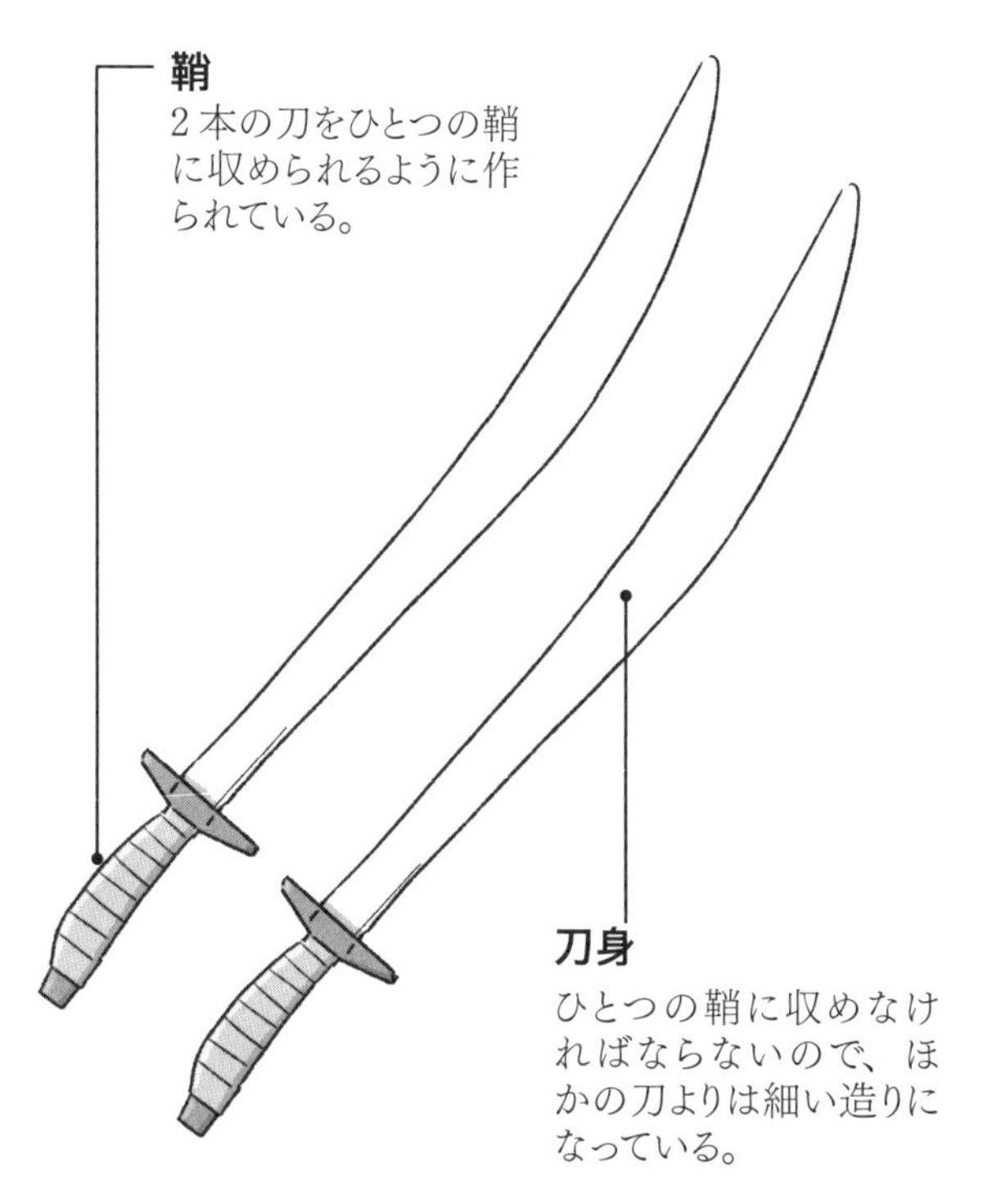

鞘
2本の刀をひとつの鞘に収められるように作られている。
刀身
ひとつの鞘に収めなければならないので、ほかの刀よりは細い造りになっている。

（※1）**韓福**　『三国志演義』に登場する架空の人物。曹操配下の武将として登場するが、蜀漢の関羽に斬られた。

（※2）**袁尚**→73ページ参照。

（※3）**徐晃**　魏の武将。官渡の戦いで袁紹軍の顔良・文醜を破る活躍を見せる。その後も袁譚討伐、荊州侵攻、漢中制圧戦など多くの戦で武功を挙げた。

天才軍師を象徴する蜀漢軍の要

羽扇 うせん

鳥の羽根で作られた大きめの扇で、三国志の世界では蜀漢の軍師・諸葛亮を象徴するものである。諸葛亮と羽扇はセットで扱われることが多く、唐代に成立した『初学記』で、すでに羽扇を手にする諸葛亮が書かれている。『三国志演義』で羽扇が初登場するのは、劉備軍が零陵に侵攻し、諸葛亮が太守劉度(※1)の配下武将・刑道栄と対峙したときである。このとき諸葛亮は、頭に綸巾(※2)をかぶり、鶴氅(※3)をはおって、羽扇を手に持ったいでたちだった。

羽扇は、一般的に軍の指揮を執るための軍配だったと考えられているが、『三国志演義』のなかでそういった使われ方はしておらず、あくまでも諸葛亮の象徴として使われている。戦闘を指揮したのは陳倉の戦い(※4)で後方部隊を出撃させたときの一度だけで、その他は敵将を挑発したり、敵軍の前に姿をあらわすときなど、諸葛亮の威勢を強調するときに使われている。実際、他国の軍師が扇を使って指揮を執る場面は一切ない。

羽扇

扇面
『三国志演義』のなかでは鳥の羽根で作られたとされている。
要
扇面の羽根がバラバラにならないように、ここで留める。

（※1）**劉度**　曹操配下の武将。零陵郡太守として劉備と戦った。

（※2）**綸巾**　青い糸で作った隠者の頭巾。

（※3）**鶴氅**　鶴の羽で作った上衣。

（※4）**陳倉の戦い**　228年に勃発した魏と蜀漢による戦い。魏が勝利した。

京劇から誕生した五虎将軍黄忠の武器

象鼻刀

ぞうびとう

象鼻刀は大刀の一種で、一般的に馬上で戦うために作られた武器である。長い柄の先に、刃先が丸まった刃がついている。その形状が、象が鼻を丸めた形に似ているため、象鼻刀と呼ばれるようになった。

蜀漢軍の五虎大将軍(※1)のひとり黄忠の使う武器として知られるが、正史にも『三国志演義』にも象鼻刀の名は登場しない。なぜ黄忠の武器が象鼻刀となったかというと、中国の京劇が演じる『三国志演義』のなかの黄忠が使っているからである。黄忠は弓の名手というイメージが強いが、『三国志演義』内では刀の使い手としても描かれており、京劇ではこの黄忠を踏襲している。蜀漢軍が漢中攻略に兵を進めたとき、黄忠は葭萌関に出撃した。黄忠は宝刀を手にして、魏軍の大将・張郃(※2)と一騎打ちを行って敗走させている。また、定軍山の戦いで魏軍と戦ったときも、敵軍の大将・夏侯淵(※3)を、その刀で一刀両断に仕留めた。

象鼻刀

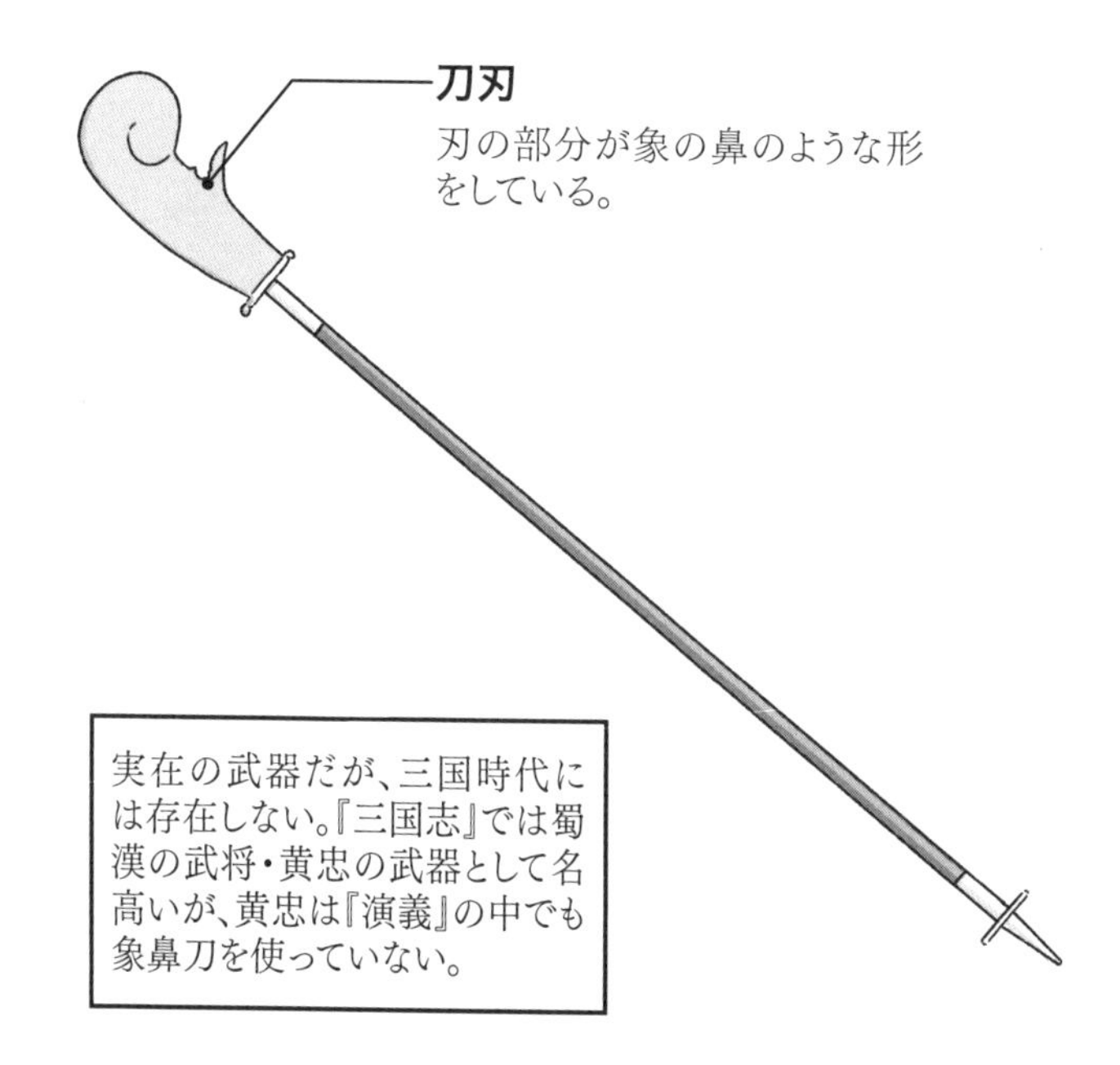

刀刃
刃の部分が象の鼻のような形をしている。

実在の武器だが、三国時代には存在しない。『三国志』では蜀漢の武将・黄忠の武器として名高いが、黄忠は『演義』の中でも象鼻刀を使っていない。

(※1) **五虎大将軍** 『三国志演義』に登場する架空の称号。蜀漢で劉備の信頼を得ていた関羽、張飛、馬超、黄忠、趙雲の5人の武将を指す。
(※2) **張郃** 袁紹配下の武将だったが、官渡の戦い後、曹操にしたがう。荊州侵攻戦や韓遂らとの戦い、張魯征伐など多くの戦いに従軍した。
(※3) **夏侯淵** 魏の武将。涼州を平定するなど曹操の統一戦を助けた。しかし219年、劉備の急襲を受けて戦死した。

腕力を誇示する蛮王沙摩柯の得物

鉄蒺藜骨朶 てつしつれいこつだ

鉄蒺藜骨朶は、鉄や硬い木材で作られており、先端が楕円形で鉄のスパイクがついた棒状の武器である。中国では「錘(すい)」と呼ばれる武器に分類される。鉄蒺藜骨朶は錘にスパイクをつけているためさらに重くなっており、これを扱うためにはかなりの腕力を必要とする。

『三国志演義』では、蛮王(ばんおう)・**沙摩柯**(しゃまか)(※1)の得意武器として登場する。沙摩柯は、その顔面は血を注いだように真っ赤で、青い目が飛び出しているという異形ないでたちで、鉄蒺藜骨朶を持って、左右の腰に弓を下げている。

「錘」は、通常2本で使用する「双錘(そうすい)」が一般的だが、沙摩柯の登場シーンでは「一個鉄蒺藜骨朶」と書かれているように、鉄蒺藜骨朶は片手持ちの武器である。沙摩柯は、この鉄蒺藜骨朶を片手に呉(ご)軍の猛将・**甘寧**(かんねい)(※2)と戦い、腰の弓で甘寧の頭を射ぬいて勝利した。

鉄疾藜骨朶

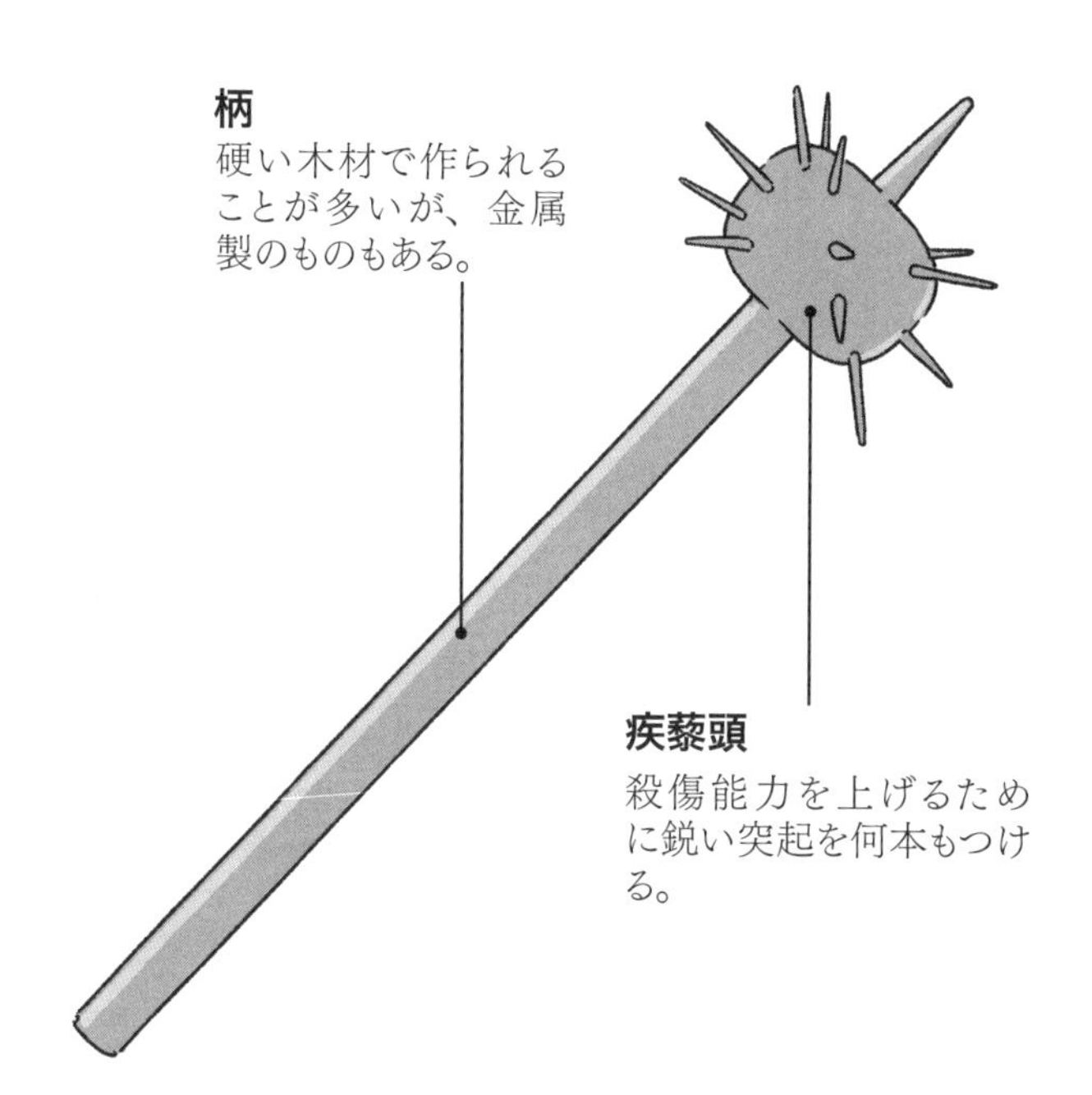

柄
硬い木材で作られることが多いが、金属製のものもある。
疾藜頭
殺傷能力を上げるために鋭い突起を何本もつける。

（※1）**沙摩柯**　胡の王とされる。蜀漢に味方して222年の夷陵の戦いに参戦したが敗れ、斬首された。
（※2）**甘寧**　呉の武将。劉表配下の黄祖を討ち、赤壁の戦いでは周瑜とともに曹操軍を破り、曹仁を撤退させた。216年の濡須口の戦いでも曹操軍を破った。

風紀引き締めのために曹操が使用

五色の棒　ごしょくのぼう

　堅い木を丸く削り、それで敵を打ちのめす武器に棍棒（こんぼう）がある。木を削っただけの簡単な武器なので、武器のなかでももっとも古いといっても過言ではない。
　棍棒はその後、殳（しゅ）と呼ばれるようになり、兵士の基本的な武器として装備されるようになった。棍棒は刀や剣よりも柄が太いので、切り落とされるリスクが少なく、たとえ切り落とされたとしても、間合いが短くなるだけで攻撃能力が落ちることはなかった。
　とはいえ、槍（そう）や矛（ぼう）などの武器が発達してくると、しだいに戦場では使われなくなり、儀（ぎ）仗用（じょうよう）の武器になっていった。後漢（ごかん）末、曹操（そうそう）が洛陽（らくよう）[※1]北部の尉（い）[※2]に任命されたとき、曹操は五色の棒を作らせて役所の門に吊り下げた。ルールに違反した役人がいると、その五色の棒で殴り殺したという。

五色の棒

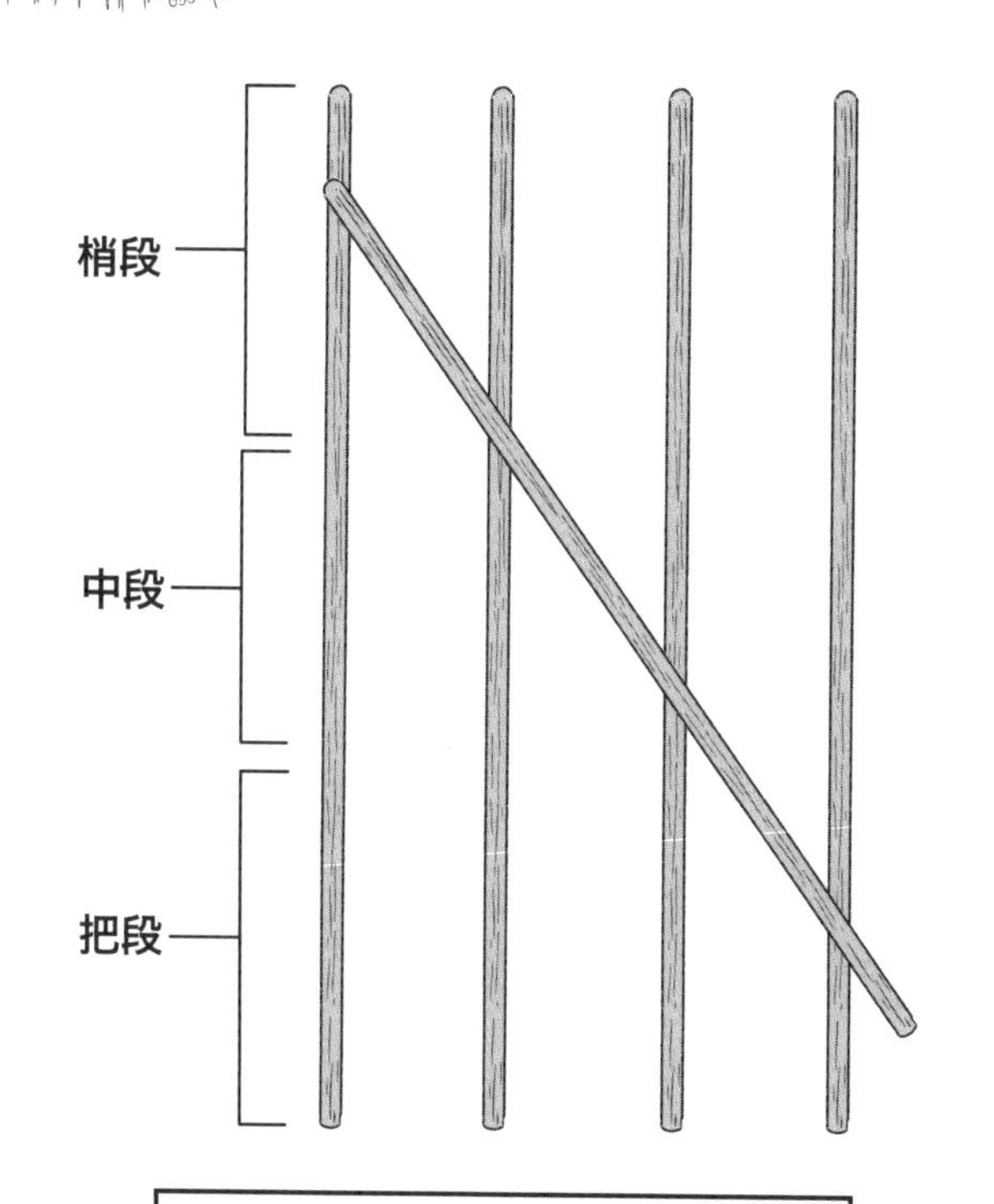

「梢段」「中断」「把段」と部位によって名前は付けられているが、通常は1本の硬い木材を丸く削って製作する。

（※1）**洛陽**　後漢の都。
（※2）**尉**　後漢王朝の官職。県の警察部長にあたる。

穂先が3又に分かれた投擲兵器

飛叉

ひさ

金属製の投擲武器で、材質は鉄を用いるのが一般的である。穂先がいくつかの鋭い刃に分かれており、3又に分かれているのが通常だが、なかには2又、5又のものもある。これを縄などに取りつけて投げつけて攻撃する。全長は30センチメートルくらいのものが多い。

飛叉は14世紀に現れた武器なので、もちろん三国時代には使われていない。しかし、『三国志演義』では趙範(※1)に仕える武将・陳応がその使い手として描かれている。赤壁の戦いのあと、劉備は荊州南部の制圧をはじめた。そのとき桂陽郡(※2)を守っていた趙範に命じられ、陳応が出陣して劉備配下の趙雲と戦った。陳応は飛叉を投げて奮戦したが、その飛叉を趙雲に奪われて生け捕られてしまった。

飛叉

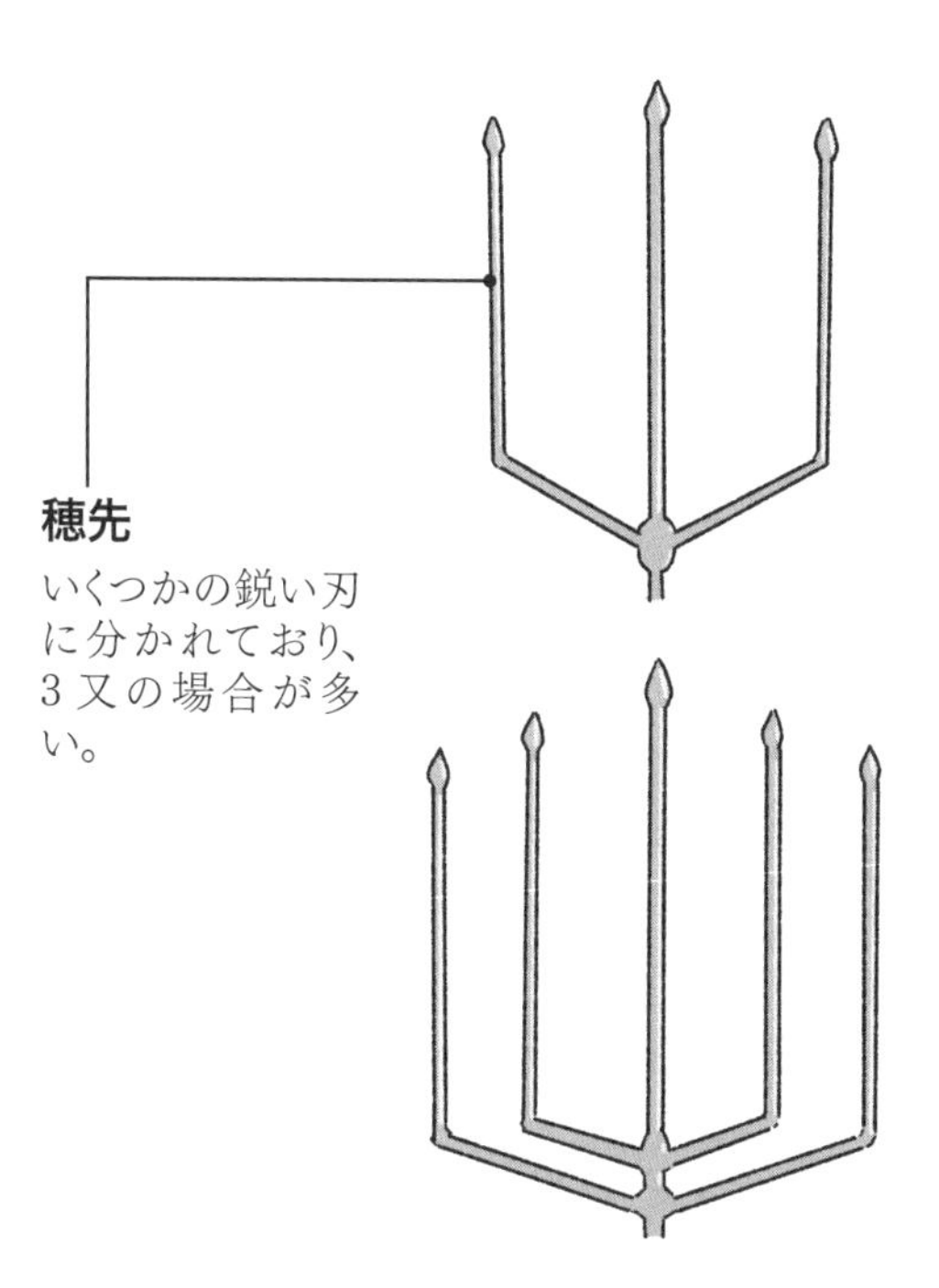
穂先
いくつかの鋭い刃に分かれており、3又の場合が多い。

（※1）**趙範**　曹操配下の武将。荊州桂陽郡の太守だったが、劉備に攻められて降伏した。
（※2）**桂陽郡**　荊州にあった郡、現在の湖南省南部・広東省北部あたり。

コラム

三国時代の騎兵と歩兵

騎兵部隊の発達と歩兵部隊の強化

春秋戦国時代に主流だった戦車戦が徐々に廃れ、三国時代には機動力のある騎兵が発達し、歩兵・騎兵・強弩兵が戦場を占めていった。

とくに騎兵が発達したのが、匈奴や鮮卑と境界を接する中国北部の平原地域だった。

幽州の公孫瓚は、烏桓族を降して、そこから騎射のできる精鋭を選りすぐって白馬に乗せ、「白馬義従」と名付けた。そして、自らも白馬にまたがり「白馬将軍」と恐れられた。

また、鉄製武器が普及し、歩兵部隊も強化された。諸葛亮の『諸葛亮集』には、報国隊、突撃隊、特攻隊といった歩兵部隊を揃え、そこに騎射に優れた奇襲隊、さらに弓と弩の精鋭を揃えた射撃隊と砲撃隊で軍の部隊を編成すると書かれている。

第二章

走る・動かす

戦場を駆け巡った貴重な相伴者

馬
うま

中国では殷(いん)(※1)の時代（紀元前17世紀～紀元前11世紀）から戦車が使われていたが、戦車を牽引するのは馬であり、馬は古来戦場にあった。

三国時代には戦車はすたれた、代わりに騎兵が戦場の主役となった。騎兵は馬に乗った兵士であり、馬は戦乱の時代にはなくてはならない存在だった。もともと中国では騎兵は発達しなかったが、騎兵戦に強かった匈奴(きょうど)(※2)などの異民族と戦う過程で、漢(かん)王朝は騎兵を強化していった。

大量の馬が生産された三国時代には、固有名詞をもつ馬も現れた。有名なのが、呂布(りょふ)が乗っていた「赤兎(せきと)」という馬だろう。「人中に呂布あり、馬中に赤兎あり」と称賛された名馬だったという。『三国志演義』では赤兎の最初の持ち主は董卓(とうたく)で、その後に呂布、曹操(そうそう)、関羽(かんう)、馬忠(ばちゅう)(※3)の順に持ち主が変わった。

馬の役割とは

馬の役割

①行軍中や戦場における偵察
②敵陣への襲撃
③敗走する敵の追撃
④奇襲攻撃
⑤荷物の運搬

（※1）**殷**　実在が確認されている中国最古の王朝。商ともいう。

（※2）**匈奴**　中国北部の遊牧民族。たびたび後漢の領土に侵攻し、後漢を悩ませた。

（※3）**馬忠**　蜀漢の武将。劉備の死後、諸葛亮の北伐に参戦し、羌族を討つなどの戦功を挙げた。

南蛮の異民族が使った巨大動物

象 ぞう

『三国志演義』には、諸葛亮（しょかつりょう）が南征したときに対峙する南蛮（なんばん）（※1）の異民族が象に乗っているという描写がされている。たとえば、南蛮の八納洞（はちのうどう）を支配している木鹿大王（ぼくろくだいおう）（※2）という人物は、白象にまたがって戦場に現れる。木鹿大王はそのほかにも虎などの猛獣や毒蛇を使って諸葛亮軍と戦っている。

殷（いん）の時代（紀元前17世紀〜紀元前11世紀）の遺物から象をかたどった青銅器が発見されているように、中国には古代の頃から象が生息し、三国時代でも孫権（そんけん）が曹操（そうそう）に巨大な象を送ったという記事がある。このとき曹操の子の曹沖（そうちゅう）（※3）が象の重さのはかり方を伝授した話は有名である。

ただし、象はいたが、象が戦場で活躍したというのは史実には見られない。

象の役割

三国時代に象はいたか？

中国大陸には古代、象がいたことはわかっており、王朝が飼育することもあった。三国時代にも呉から魏に象が送られている。

（※1）**南蛮**　益州南部のこと。南中。現在の雲南省からミャンマー北部。
（※2）**木鹿大王**　『三国志演義』に登場する架空の人物。南蛮の王として登場し、蜀漢の諸葛亮と戦う。
（※3）**曹沖**　曹操の子。曹操に寵愛されたが、13歳の若さで病死した。

脇役に追いやられたが使い道はあった

戦車　せんしゃ

馬の項目のところで述べたように、三国時代は戦車よりも騎兵が戦場で活躍した時代である。しかし、戦車がなくなったわけではない。三国時代には、敵の突撃を防ぐために、戦車を並べて対策したのである。

黄巾（こうきん）の乱が起こる前の180年、零陵（れいりょう）（※1）で反乱がおこり、後漢（ごかん）の太守（たいしゅ）（※2）・楊璇（ようせん）が鎮圧に向かった。このとき楊璇は戦車に石灰を入れた袋を積んで最前線に置いた。反乱軍が襲いかかると、楊璇はふいごを使って戦車に積んだ石灰を敵軍めがけて放射し、敵の目をくらませることに成功したという。

諸葛亮（しょかつりょう）も戦車を実戦で使ったとされており、それが八陣（車蒙陣（しゃもうじん）（※3））という陣形である。諸葛亮は戦車を障害物として使う陣形を考えたという。

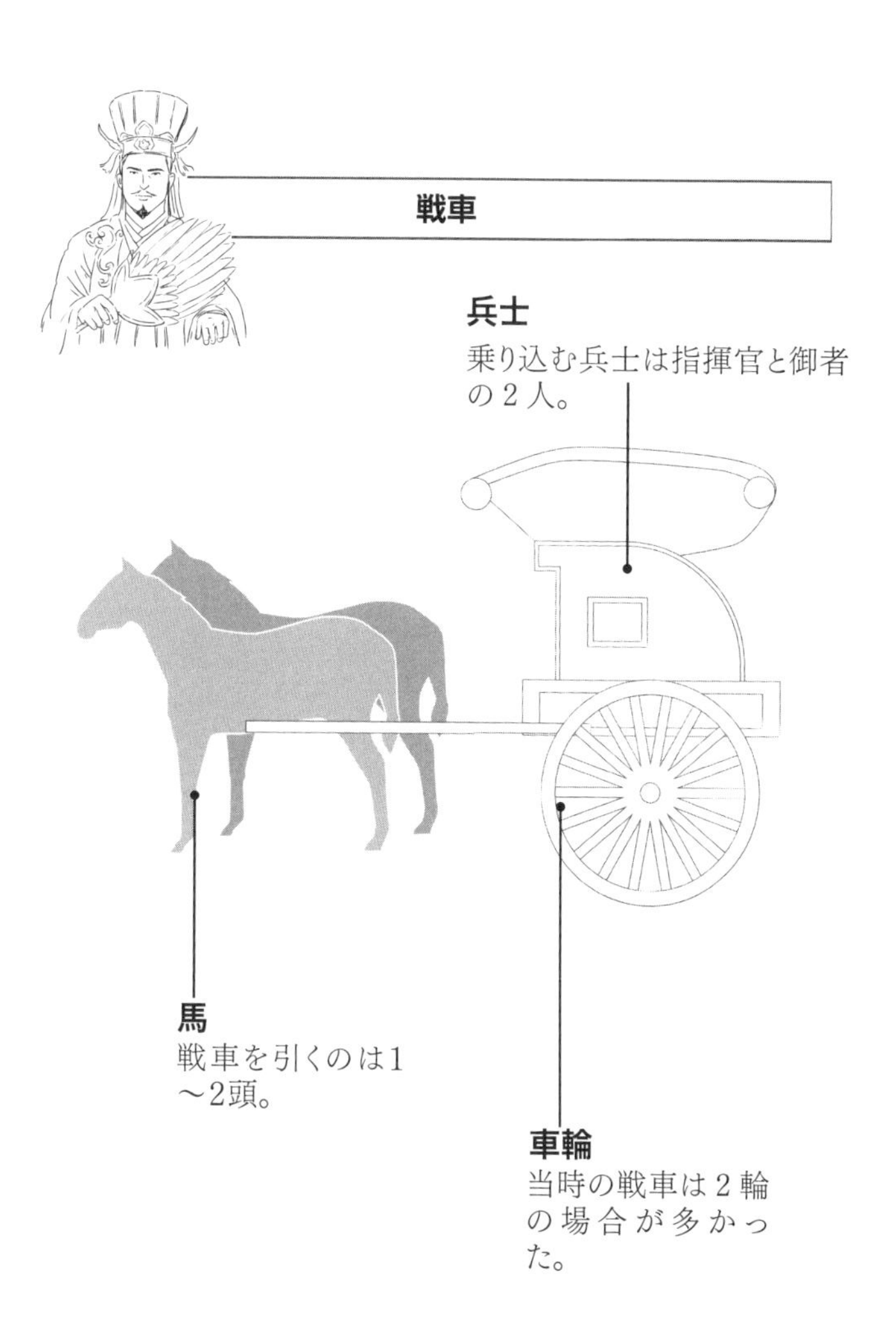

戦車
兵士
乗り込む兵士は指揮官と御者の２人。
馬
戦車を引くのは1～2頭。
車輪
当時の戦車は２輪の場合が多かった。

（※１）**零陵**　荊州にあった郡のひとつ。現在の湖南省永州市の一部。
（※２）**太守**　郡の長官。
（※３）**車蒙陣**→ 96 ページ参照。

諸葛亮が編み出した「八陣」のひとつ

車蒙陣

しゃもうじん

諸葛亮（しょかつりょう）が戦車を使った陣形を考案したと前項で説明したが、ここで少し詳しく説明していこう。

諸葛亮が考案した陣形を「八陣（はちじん）」といい、そのうちのひとつが車蒙陣だ。車蒙陣は、歩兵が行軍中に戦闘状態になり、敵の騎兵が左右から攻撃してきたうえ、近くに丘陵がない場合に組む陣形だという。平地では戦車を横に並べて盾とし、荒れ地では戦車を鋸歯状に配置して敵の攻撃を防ぐ。

諸葛亮が実際にこの陣形を使ったかどうかはわからないが、晋（しん）（※1）建国に貢献した武将の馬隆（ばりゅう）（※2）が、涼州（りょうしゅう）平定戦でこの陣形を使っている。

車蒙陣とは

◆平地での布陣

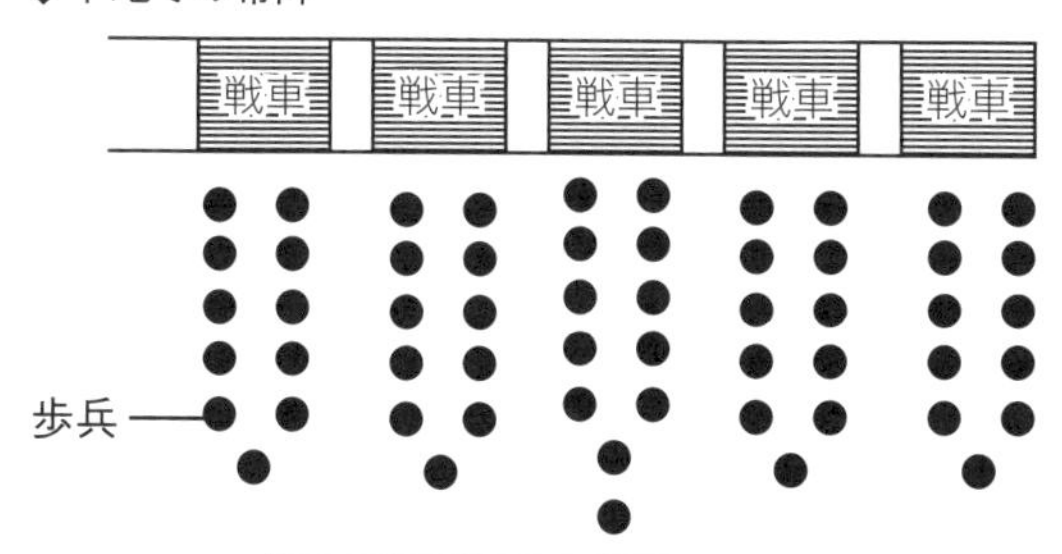

平地の場合、すき間を作らないように戦車を横一列に並べる。

◆荒れ地での布陣

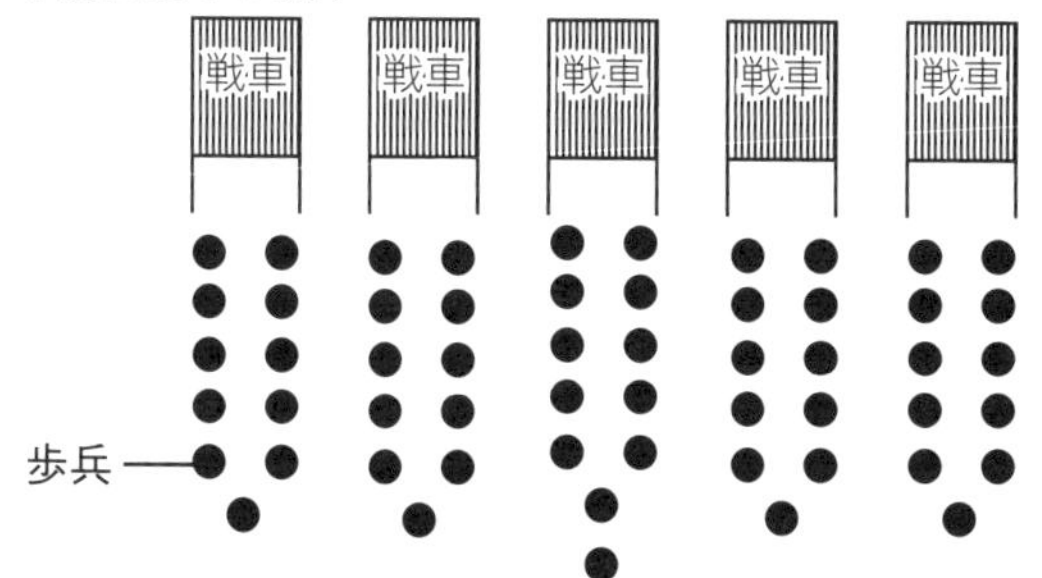

荒れ地の場合、横一列に並べられないので、数台の戦車を一グループとし、その後ろに歩兵を配置する。

（※1）**晋**　司馬炎が建国した王朝。280年に呉を滅ぼし、天下を統一した。
（※2）**馬隆**　魏・晋の武将。異民族の討伐に戦功があった。司馬懿が魏の武将・令狐愚の墓を暴いたとき、かつて令狐愚の食客だった馬隆は私財を投じて令狐愚の新しい墓を作ったという。

各地を走った重要な移動手段

馬車 ばしゃ

戦車と同様、当時の移動に使われた車の多くは馬に牽引させるものだった。いわゆる馬車である。馬は1頭か2頭で引き、たいていの馬車は2輪だった。

三国時代には馬車もさまざまな種類が出現した。当時の馬車の種類は大きく分けて庶民用、役人用、貴族用、皇帝用がある。役人用の馬車を「軺車（しょうしゃ）」という。

軺車は傘のようなものが取り付けられている2輪の馬車である。雨よけがない庶民用の馬車よりは立派である。貴族用の馬車は「軒車（けんしゃ）」という。軒車には雨よけのほかに風よけとしての小屋のような覆いがついていた。軺車は自分で馬を操らなければならなかったが、軒車には御者がついていた。皇帝用の馬車はいくつかの種類があり、通常時に皇帝が乗る馬車を「輅車（ろしゃ）」、皇帝が戦に出るときに乗る馬車を「戎輅（じゅうろ）」、祭事のときに乗る馬車を「大輅（だいろ）」、金で飾った皇帝の馬車を「金根（きんこん）」といった。

馬車の役割と種類

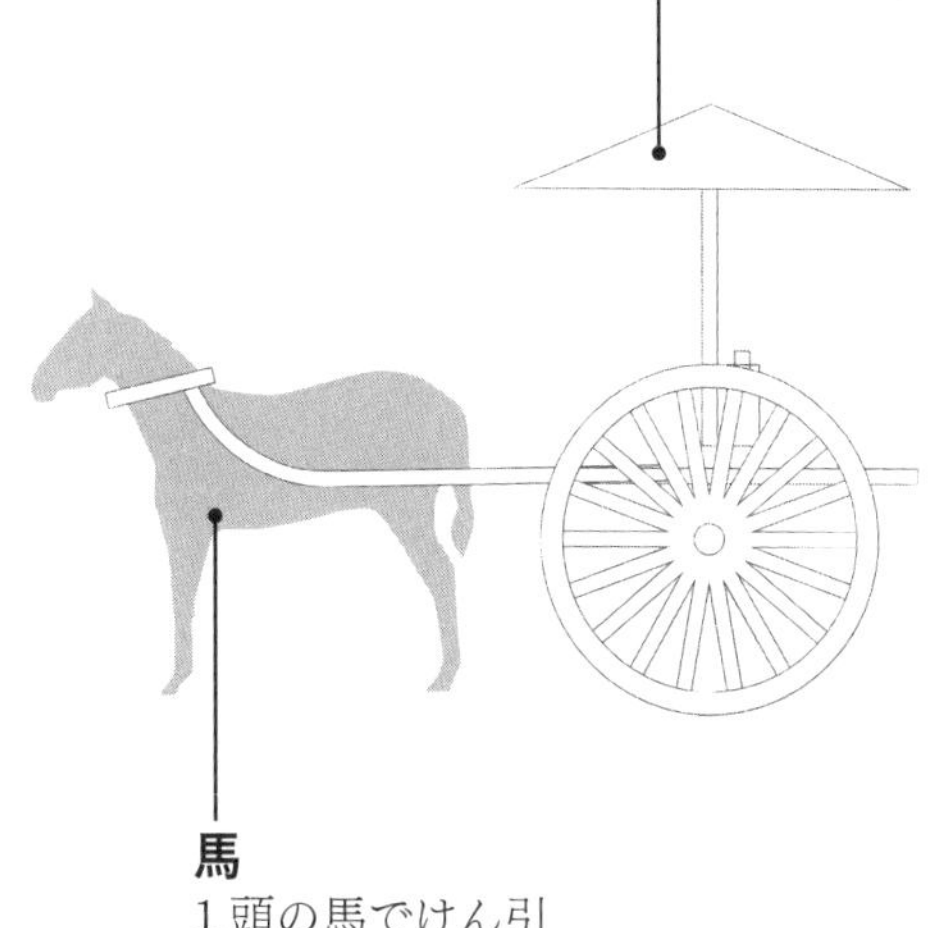
籠
身分が高くなると屋根だけでなく左右も囲いに覆われ、外から中が見えないようにする。
馬
1頭の馬でけん引した。

当時の馬車の種類

①軺車→役人が乗る馬車
②軒車→貴族が乗る馬車
③輅車→皇帝が乗る通常時の馬車
④戎輅→皇帝が戦に出るときに乗る馬車
⑤大輅→皇帝が祭事のときに乗る馬車

三国志の貴族層が乗った馬車

軒車　けんしゃ

貴族や富裕層が使った馬車を軒車といった。軒車には、豪華な屋根が設置され、風雨を避けるための覆いがつけられ、他の馬車とは差別化が図られていた。天子が行幸の際に乗った車を車駕（しゃが）という。晋（しん）[※1]では、皇帝が外出するときに走行距離をはかる記里鼓車（きりこしゃ）という車が随行した。車上に木製の人形が設置され、1里ごとに太鼓を打ち鳴らしたという。

董卓（とうたく）[※2]が朝廷を牛耳（ぎゅうじ）って専横を極めていた頃、董卓は金の装飾が施され、青の覆いがかぶされた馬車に乗っていた。この馬車は車駕であったが、董卓はお構いなしに乗りまわしていた。そして、当時の董卓の勢いが天子に迫るという意味で、これを竿摩車（かんましゃ）と呼んだ。

また、急を要するときに使った追鋒車（ついほうしゃ）という馬車もあった。魏（ぎ）の4代皇帝・曹髦（そうぼう）[※3]はせっかちな性格で、討論会で召集した人が遅れてくるのを嫌った。そのため、宮中職になかった司馬望（しばぼう）は、曹髦に呼ばれると、追鋒車を飛ばして急行したという。

軒車

屋根付きの荷台
貴族用の馬車なので、豪華な屋根が設置された。

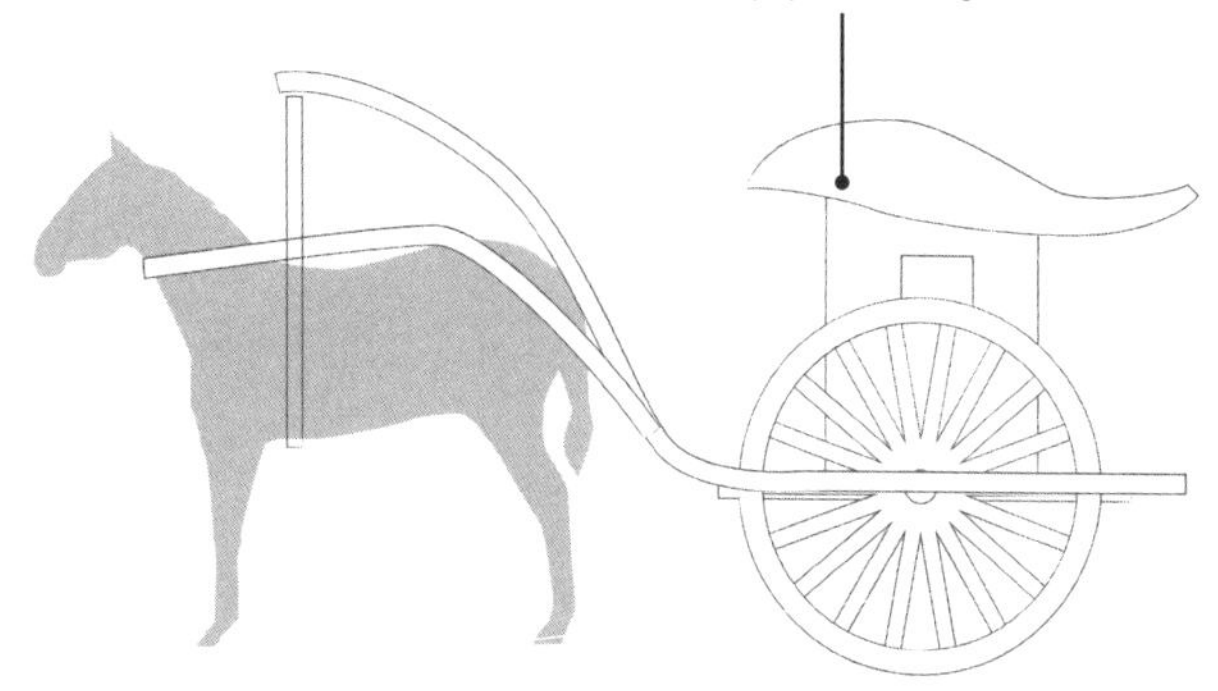

(※1) **晋**→97ページ参照。
(※2) **董卓**→23ページ参照。
(※3) **曹髦**　魏の4代皇帝。曹髦が即位した頃の魏は司馬氏が実権を握っており、皇帝は傀儡だった。260年、司馬昭を排除しようと決起したが、逆に殺害された。

三国志には珍しい西羌軍の戦車部隊

鉄車兵 てつしゃへい

鉄車兵は『三国志演義』にのみ登場する兵器で、正史にその名は見られない。諸葛亮が北伐を開始し祁山に進軍したとき、魏軍の曹真(※1)は、西羌(※2)の国王・徹里吉に援軍を求めた。西羌軍は戦車を戦場で使っていたが、この戦車部隊を鉄車兵といった。西羌軍の戦車は、鉄板で囲まれた車両に武器、食糧、日用品が積み込まれ、ラクダやロバに引かせた。

曹真からの援軍要請を受けた徹里吉は、配下の雅丹と越吉に15万の大軍を動員させて、蜀漢軍の守る西平関を攻撃させた。羌兵は弓・弩・槍・刀・蒺藜・飛槌といった武器を所持し、武勇に秀でた者ばかりだった。西羌軍は鉄車兵を縦横無尽に動かし、鉄車兵に包囲されると、それは城壁のごとく突破することは困難だった。越吉は鉄車兵を駆使して、蜀軍の関興、張苞を大いに打ち破った。しかし、諸葛亮が雪面に紛れて落とし穴を作り、そこに鉄車兵をおびき寄せると、穴にはまった鉄車兵は身動きできずに、西羌軍は壊滅した。

鉄車兵

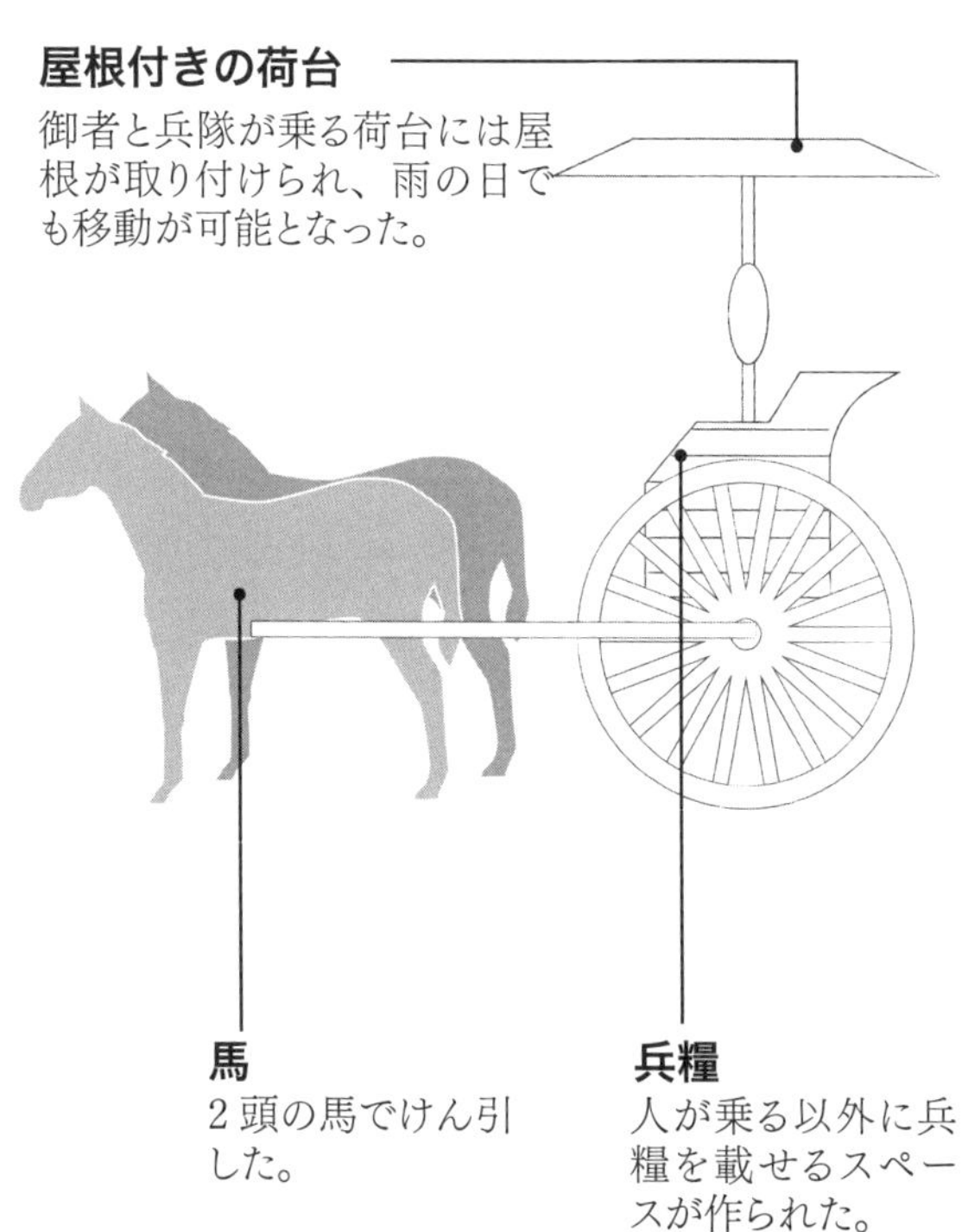

屋根付きの荷台
御者と兵隊が乗る荷台には屋根が取り付けられ、雨の日でも移動が可能となった。
馬
2頭の馬でけん引した。
兵糧
人が乗る以外に兵糧を載せるスペースが作られた。

（※1）**曹真**　曹操の甥。曹丕、曹叡を助け、蜀漢の北伐に対してたびたび戦功を挙げる。恩賞の不足分を自分の財産で補うなどしたため、部下からの信頼が厚かったという。
（※2）**西羌**　中国西北部の異民族。後漢末から韓遂などと結んでたびたび後漢や魏を脅かした。

敵情視察に使われた移動式兵器

巣車 そうしゃ

戦場において行なわなければならないのが敵側の情報収集であり、偵察活動である。たいていの場合、長距離の移動が容易な騎兵が斥候(せっこう)(※1)として先行したり、木の上に登ったりして敵陣を視察した。そして、戦場が平地だったり、敵陣が高い場所にあったりする場合に使われた兵器が巣車である。

巣車は8つの車輪が装備された移動式の車両兵器で、2~3名の兵士が乗り込んだゴンドラを上昇させることで、城壁より高い位置から城内を偵察することもできた。巣車の高さは10メートルを超えるものが多く、横梁(おうりょう)と呼ばれる回転式の軸にロープを取り付けて、そのロープを引くことで城壁の高さに合わせてゴンドラの位置を調整していた。

巣車が中国で発明されたのは**春秋戦国時代**(※2)の頃で、攻城戦が多かった三国時代にも引き続き使用された。

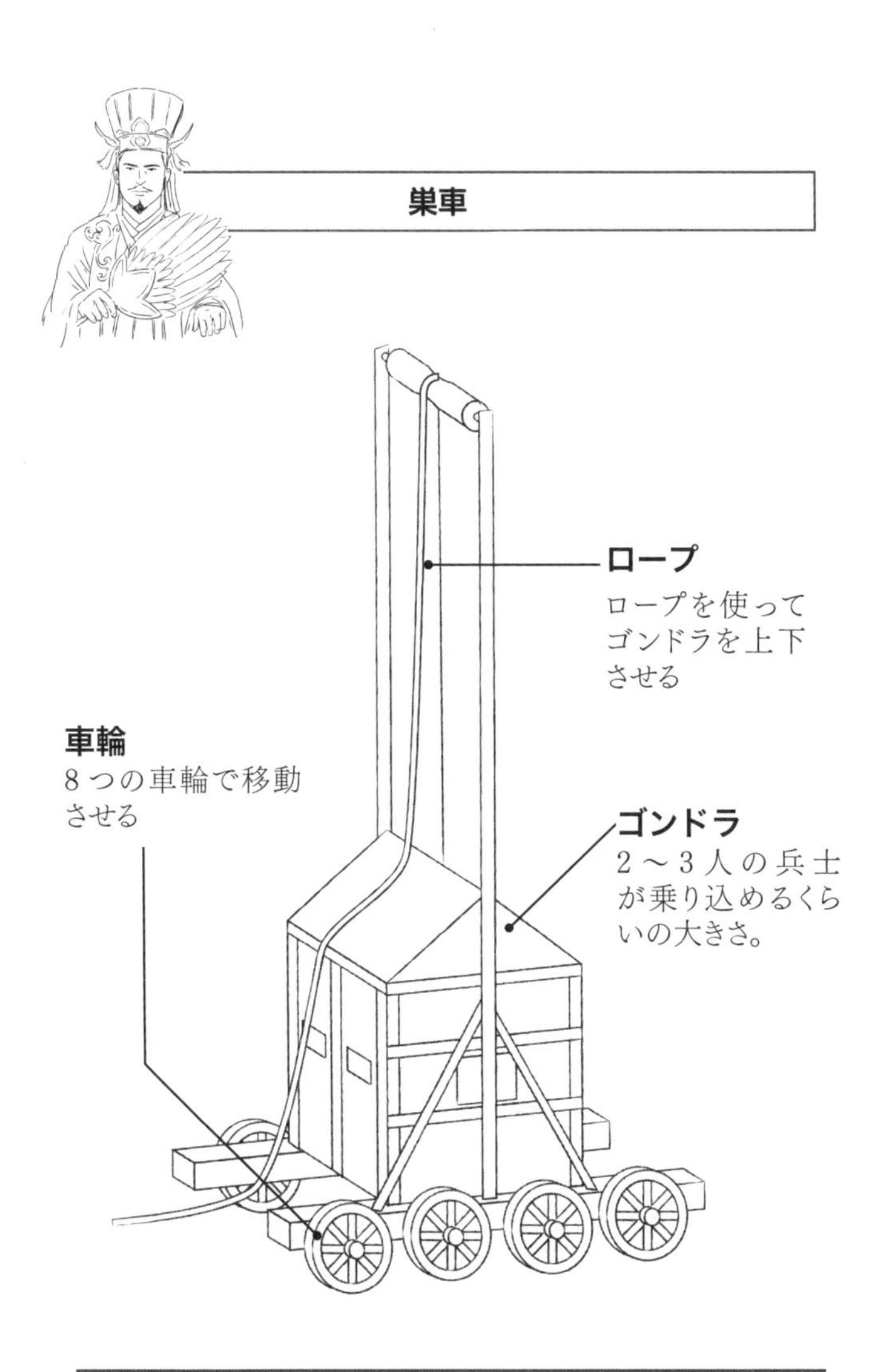
巣車
ロープ
ロープを使って
ゴンドラを上下
させる
車輪
8つの車輪で移動
させる
ゴンドラ
2～3人の兵士
が乗り込めるくら
いの大きさ。

（※1）**斥候**　敵情を視察する兵士のこと。
（※2）**春秋戦国時代**　紀元前770年～紀元前221年までの時代区分。周の時代のあとに晋が三国に分裂し、秦が中国を統一するまでの時代。

堀をわたるためのはしご車

壕橋

ごうきょう

城郭の多くは、城の周りに壕と呼ばれる堀を作って、外界と城郭を隔離していた。攻めるほうは当然、その壕を埋めたり、橋を作ったりして対応した。その過程で生まれたのが壕橋だった。架橋車と呼ぶこともある。これは、城攻めで壕を埋めるにせよ橋を作るにせよ、敵側からの妨害工作によって頓挫することが多かったため、あらかじめ橋を作っておいて、それを台車に乗せて壕まで運ぶようにしたものである。

壕の中に車輪がはまり込むように設計され、台車を押す兵士を守るために大きな盾がついている。この盾は兵士を守るだけでなく、橋の前後のバランスをとるという役割も担っていた。

壕の幅が広い場合は、折り畳み式の壕橋を使用した。これは回転用の軸を使って、ふたつの橋をつなげたものだった。

壕橋

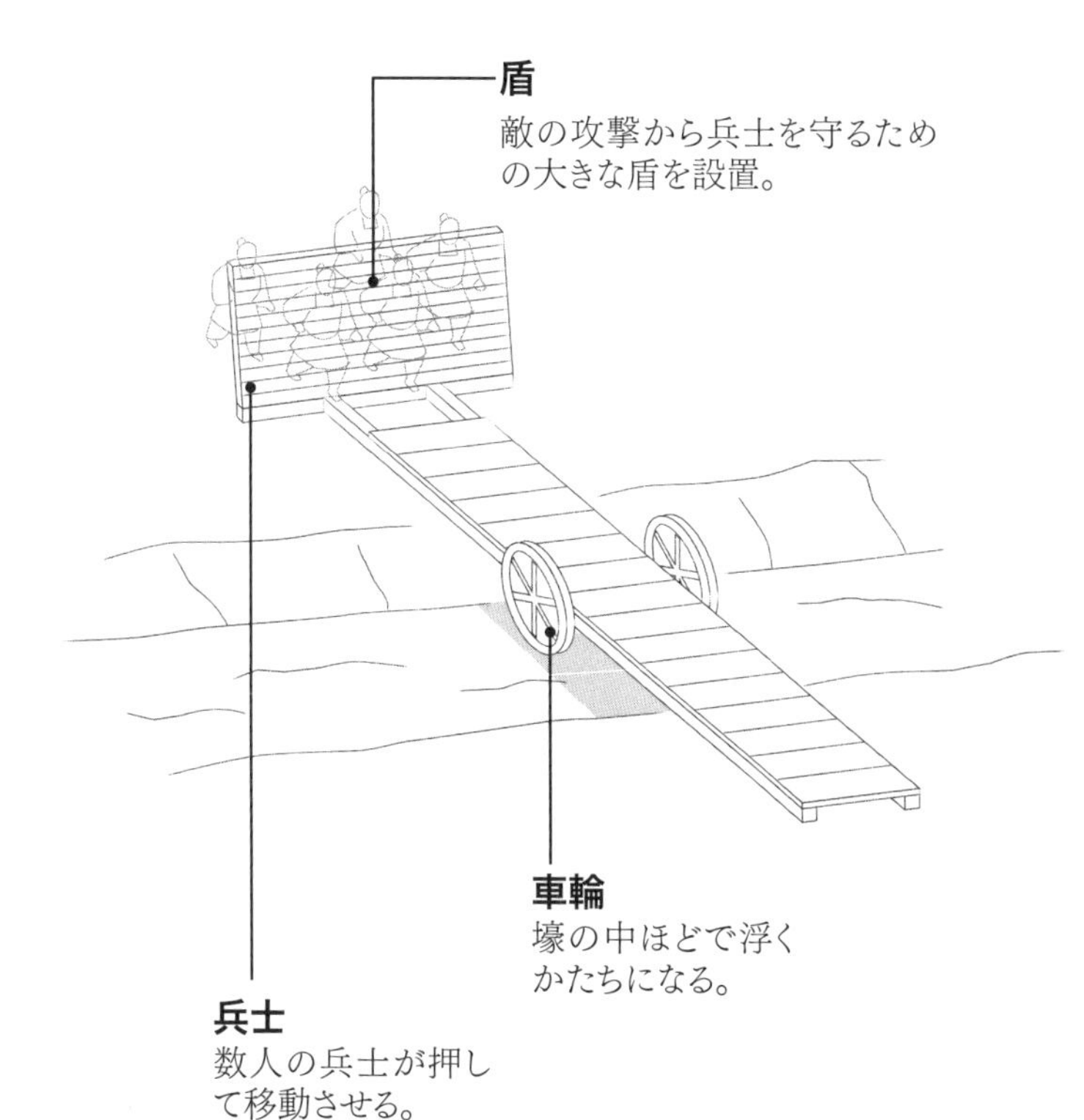
盾
敵の攻撃から兵士を守るための大きな盾を設置。
車輪
壕の中ほどで浮くかたちになる。
兵士
数人の兵士が押して移動させる。

口から火を吐く諸葛亮が発明した張り子の虎

虎戦車　こせんしゃ

『三国志演義』で諸葛亮が南蛮（※1）に孟獲（※2）を攻めたとき、劣勢に陥った孟獲は木鹿大王に救援を求めた。木鹿大王は、呪文を唱えて風を呼び、猛獣を自由に操って蜀漢軍を大いに苦しめた。この非常事態に、諸葛亮が用意したのが虎戦車だった。虎戦車は、巨大な猛獣の姿をした木像に彩色がされ、五色の毛糸で作った覆いがかぶせられており、鋼鉄の牙と爪がつけられた戦車である。一台に10人の兵士が乗り込み、内部に仕込んだ火薬を使って口から火炎を吐き、鼻から黒煙を吹き出すという兵器である。木鹿大王が呼び寄せた猛獣たちは、この虎戦車の攻撃にさらされて散開し、木鹿大王は討ち取られてしまった。

虎戦車に似たものに、塞門刀車という守城兵器がある。塞門刀車は、城門を破られたときに据えて敵の侵入を防ぐもので、たいていは台車に無数の刀を取りつけてバリケードの役目を果たすが、なかには虎の張り子に刀を取りつけた虎車という塞門刀車があった。

虎戦車

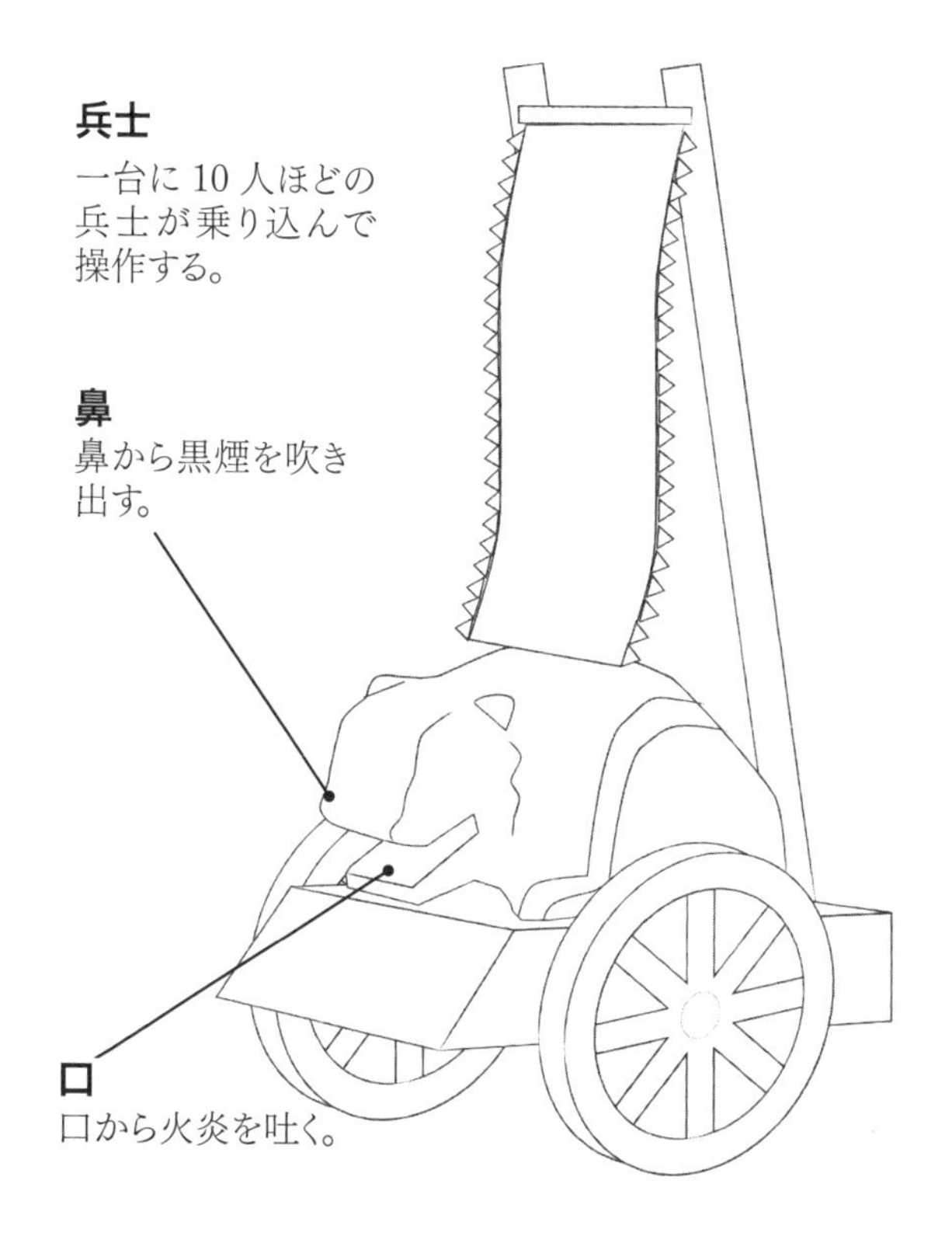
兵士
一台に 10 人ほどの
兵士が乗り込んで
操作する。
鼻
鼻から黒煙を吹き
出す。
口
口から火炎を吐く。

(※ 1) 南蛮→ 93 ページ参照。
(※ 2) 孟獲→ 53 ページ参照。

馬鈞が作ってみせた伝説の器械

指南車 しなんしゃ

指南車は、常に同じ方向を指し続けることができる車である。方位磁石や羅針盤が発明される前のもので、磁石ではなく歯車の原理を使って作られている。2輪の台車の上に腕を上げた人形が備えつけられ、その人形が南を指し続ける。方位磁石のように方角を探し当てるものではなく、最初に設定した方角を指し続ける。したがって、最初に北に設定すれば、指南車は北を指し続ける。中国では、「天子は南面す」という思想があったため、指南車は文字通り南を指すのが一般的だった。『魏書』方技伝によれば、指南車について馬鈞(ばきん)(※1)が議論していたとき、高堂隆(こうどうりゅう)(※2)と秦朗(しんろう)(※3)が実在しないと主張したため、馬鈞が実際に作ってみせたという。馬鈞が作った指南車は、魏(ぎ)の2代皇帝・曹叡(そうえい)に献上された。

古代中国では、磁石を使った指南魚という、現代の羅針盤の原型のようなものもあった。魚の木像の中に磁石を組み込んで、これを水面に浮かべると、魚の頭が南を向いたという。

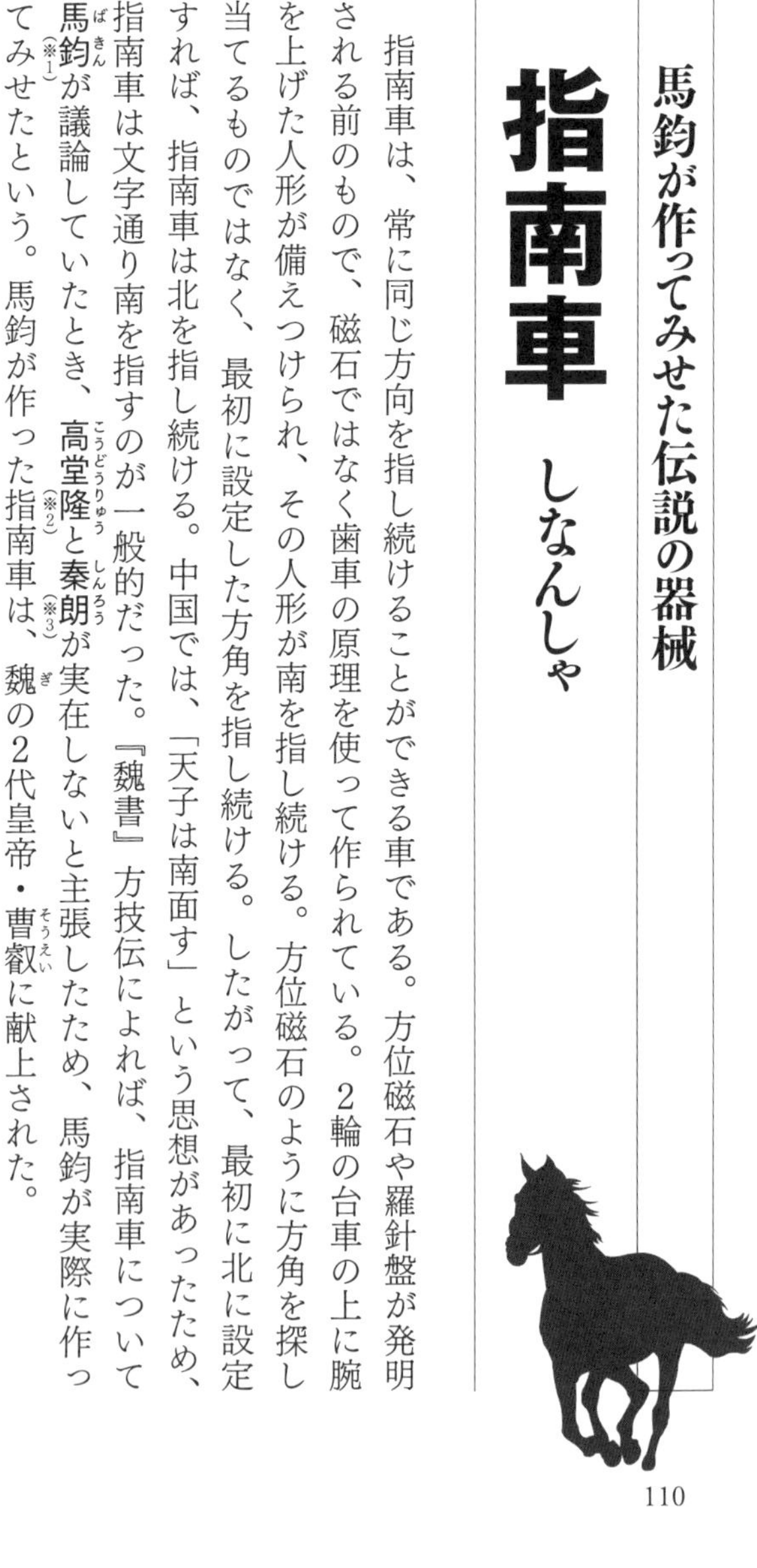

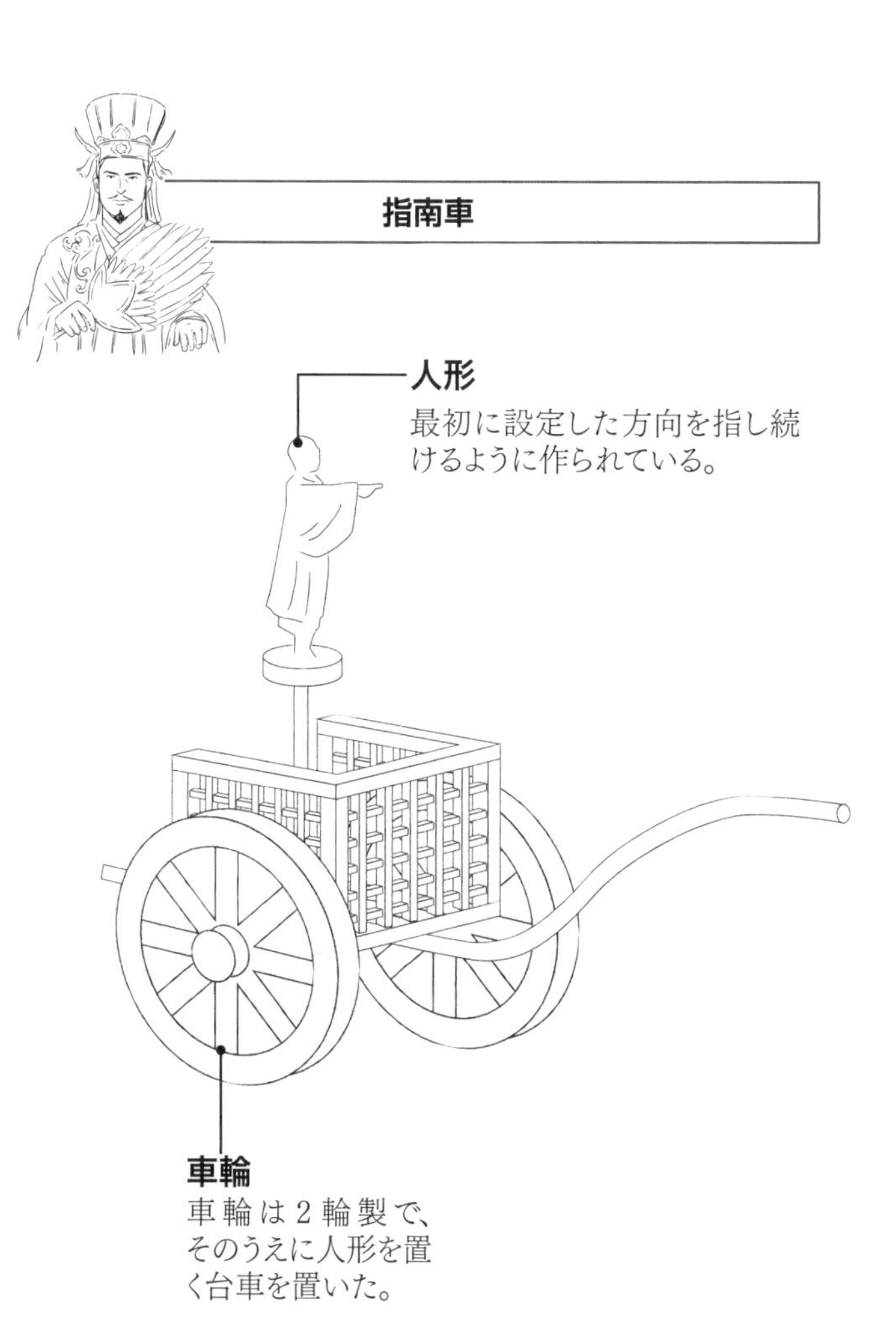
指南車
人形
最初に設定した方向を指し続けるように作られている。
車輪
車輪は2輪製で、そのうえに人形を置く台車を置いた。

（※1）**馬鈞**　魏に仕えた学者。機織り機を改良するなど発明家として名高い。

（※2）**高堂隆**　魏の官僚。曹操の頃から仕え、曹叡の傅役となった。

（※3）**秦朗**　魏の武将。曹操の養子となり、曹操・曹丕・曹叡に仕えた。五丈原の戦いなどにも従軍したが、武功よりも政治家として名高い。

兵糧運搬に革命を起こした諸葛亮の発明品

木牛 もくぎゅう

諸葛亮(しょかつりょう)が北伐(ほくばつ)(※1)を開始したとき、最大のネックとなったのが兵糧問題だった。北伐の拠点となる漢中(かんちゅう)(※2)から、まず斜谷口(やこくこう)に兵糧を運び、そこから本陣を構える祁山(きざん)へと運搬しなければならない。しかし、斜谷口から祁山の本陣までの道のりはきわめて険峻で、牛馬での輸送が困難だったのである。

そこで諸葛亮が考案したのが、木牛と流馬(りゅうば)(※3)という輸送車両だった。木牛は「一脚四足」との一輪車で、固定するための足が4本あったとされる（四輪車、一輪車とする説もある）。

木牛は、前方から人が牽引するもので、大量の糧秣を運搬するのに適しており、単独で移動させれば1日に数十里、集団で移動させるときには三十里進んだ。

『三国志演義』でも木牛は諸葛亮のもとで活躍しており、『蜀書』諸葛亮伝の記述をそのまま転記している。

木牛

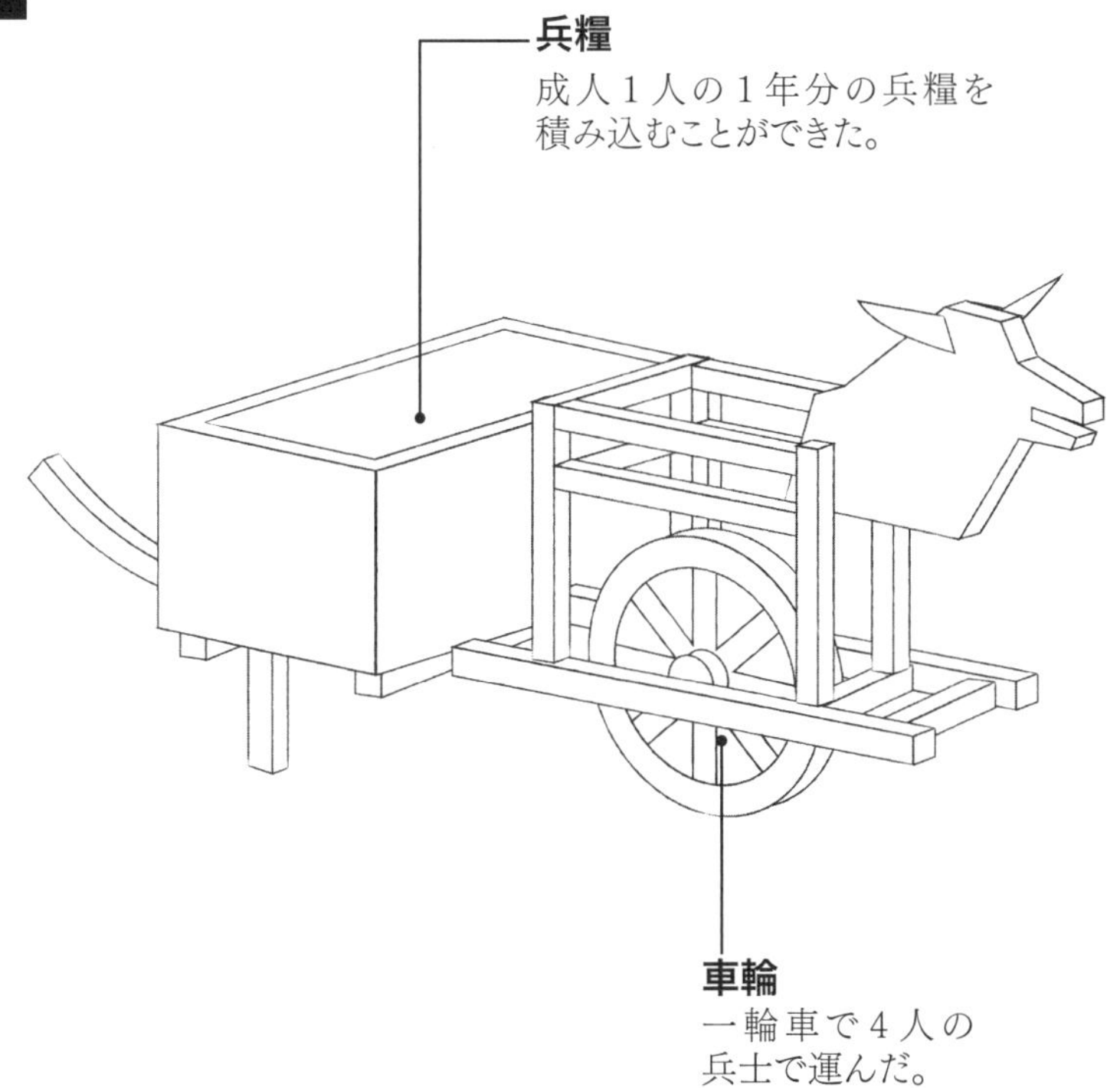
兵糧
成人1人の1年分の兵糧を
積み込むことができた。
車輪
一輪車で4人の
兵士で運んだ。

（※1）**北伐**　蜀漢による魏侵攻作戦のこと。諸葛亮は魏侵攻の足がかりとして蜀漢の北に位置する漢中を攻めた。

（※2）**漢中**　益州北部の地域。諸葛亮の北伐の拠点となった。

（※3）**流馬**→ 114ページ参照。

スイッチひとつで動き出す幻の輜重車

流馬 りゅうば

諸葛亮が木牛とともに開発したのが、流馬である。流馬も、木牛と同じく兵糧を運ぶための車両だ。木牛は四輪車だったという説もあるが、一輪車の手押し車だったとされる。

流馬には、板方嚢という兵糧を入れる箱が2つついており、流馬一台で2斛3斗の米を運べた。2斛3斗を三国代の尺度で換算すると、だいたい兵士1人の1年分にあたる。

『三国志演義』では、木牛と流馬の口の中の舌の先にスイッチがついており、そのスイッチをひねると、木牛と流馬はロックされて動かなくなった。諸葛亮は、魏軍に木牛・流馬をわざと奪わせ、司馬懿(※1)が木牛・流馬を作らせるように仕向けた。そして、魏軍が木牛と流馬を使って兵糧を運んでいたところを急襲し、魏軍の木牛と流馬のスイッチをひねってしまった。魏軍が木牛・流馬を押しても引いても動かず、仕方なく放置したまま帰還するより他なかった。諸葛亮は難なく魏軍の兵糧を奪い取ったのである。

流馬

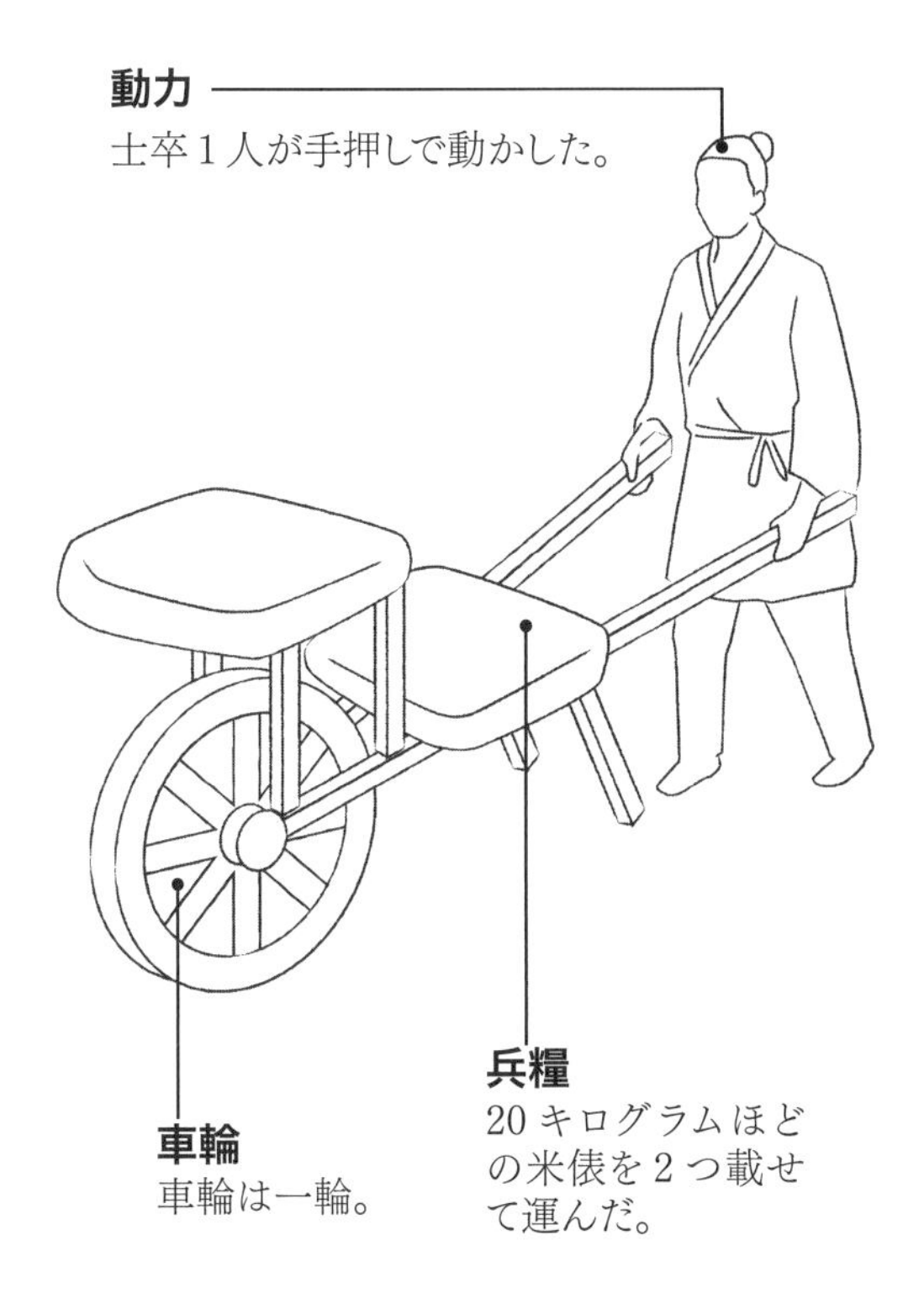

動力
士卒1人が手押しで動かした。
兵糧
20キログラムほどの米俵を2つ載せて運んだ。
車輪
車輪は一輪。

(※1) **司馬懿** 魏の武将。官渡の戦いの頃に曹操に招かれ、その後は曹操の重臣として活躍する。曹丕の皇帝就任に尽力し、魏国建国の中心人物となった。3代皇帝・曹芳政権下での曹爽との権力闘争に勝利し、晋建国の土台を築いた。

コラム

三国時代を代表する名馬

曹操、劉備、趙雲…名将を載せた名馬たち

三国志の世界にはさまざまな名馬が登場する。

曹操が張繡に攻められ窮地に立たされたとき、曹昂から絶影という名馬を譲られ、急死に一生を得たと『三国志』魏書の曹操伝に書かれている。『三国志演義』では、曹操が献帝とともに狩猟を行ったときに爪黄飛電という馬にまたがり、献帝は逍遥という馬に乗っていた。

劉備の乗馬は的盧といい、『三国志』蜀書の劉備伝に名が見える。劉備が水中にはまって動けなくなったとき、的盧が一躍三丈も飛びあがって窮地を救った。

他にも多数の名馬が登場し、曹洪の白鵠、趙雲の白龍、諸葛亮の白雪、孫権の快航など、民間伝承を含めると数え切れない。

第二章

守る・防ぐ

鎧をもたない兵士が手にした防御兵器

木盾 もくじゅん

敵の攻撃を受け止めるための防具が盾である。盾の歴史は古く、殷（いん）[※1]の時代（紀元前17世紀〜紀元前1046年）の遺跡から皮革製の方形盾が見つかっている。

木盾は文字どおり木製の盾で、三国時代の兵士の標準的な防具のひとつである。三国時代にはすべての兵士に鎧が装備されたわけではなかったため、鎧を装備していない兵士には必ず盾が配給された。歩兵が使う盾には、相手の刀などを防ぐための小型のものと、矢を防ぐためのやや大型のものがあった。中国では盾を使いながら刀や剣などを振り回すという戦い方をしており、小型の盾は片手で持てるほどの大きさだった。

三国時代には「圭形盾（けいけいじゅん）」という盾も使われていた。これは上端を三角形に尖らせた短冊形の盾である。上だけでなく下も尖らせたものもあった。また、籐（とう）制の盾もあり、こちらは主に蜀漢（しょくかん）や呉（ご）といった南方の兵士が使用した。

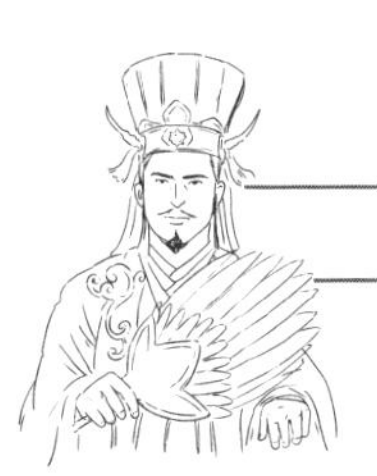

木盾

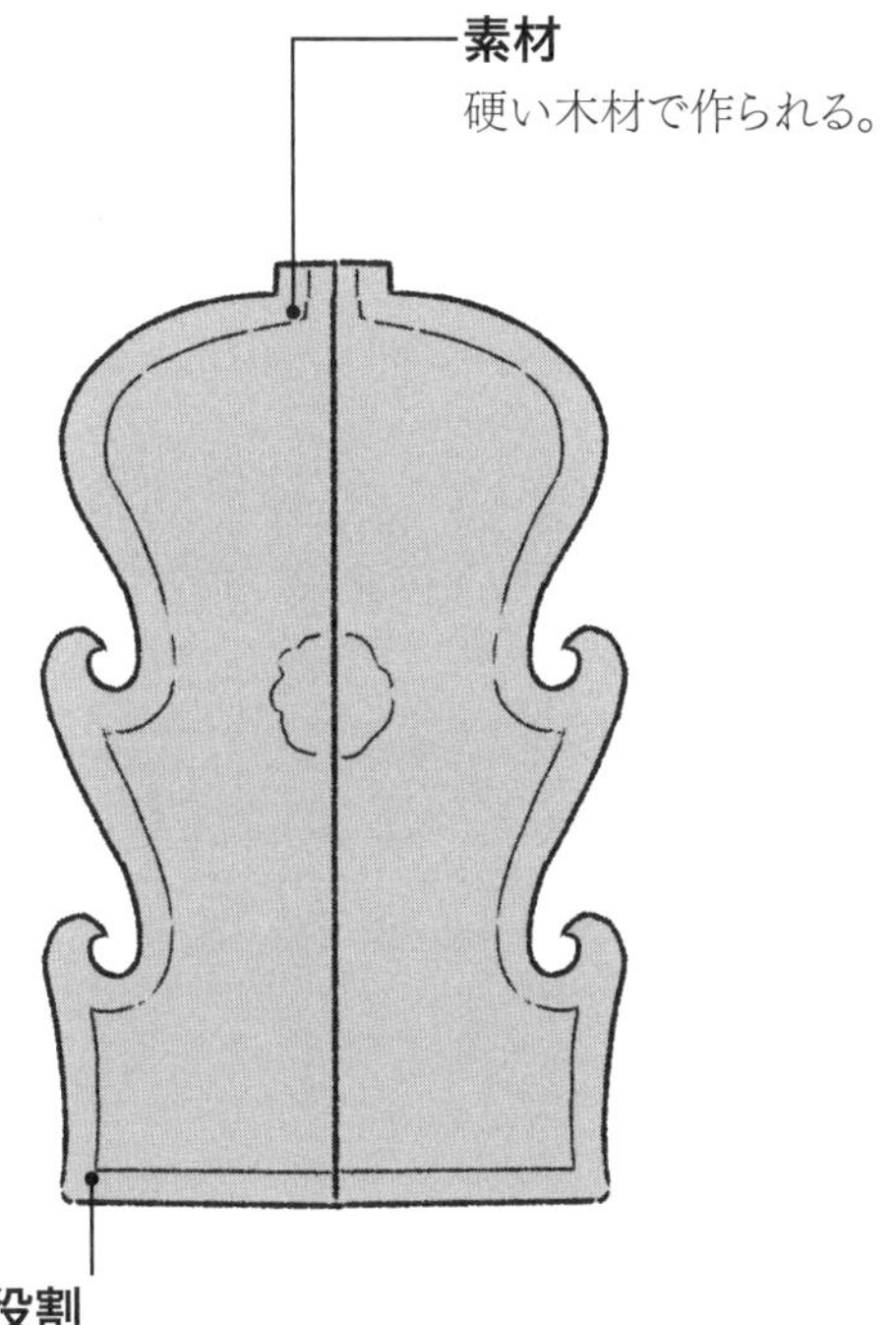
素材
硬い木材で作られる。
役割
鎧を装備していない兵士たちに配給する防具。

（※1）殳→91ページ参照。

兵士を守る大きな盾

幔 まん

雲梯(うんてい)(※1)や搭天車(とうてんしゃ)(※2)には盾のような防御装置がついていなかったため、はしごを登る兵士たちは無防備になってしまった。そこで開発されたのが幔である。幔は、簡単にいえば巨大な盾である。木製の幔を「木幔(もくまん)」、麻縄で分厚く編(あ)んで作られた幔を「布幔(ふまん)」、竹製の幔を「竹幔(ちくまん)」といった。

木幔も布幔も台車の上に設置して移動が可能となっており、兵士の動きに合わせて盾の役割を果たした。また火矢などで燃やされないように泥を塗って発火を防いだ。

幔は春秋戦国時代（紀元前8世紀～紀元前5世紀）の頃にはすでに使われており、当時は「荅(とう)」と呼ばれていた。それが、後漢(ごかん)～三国時代の頃に「幔」という呼び名に変わったという。

さまざまな幔

木幔（もくまん）
木で作った幔。

竹幔（ちくまん）
竹で作った幔。

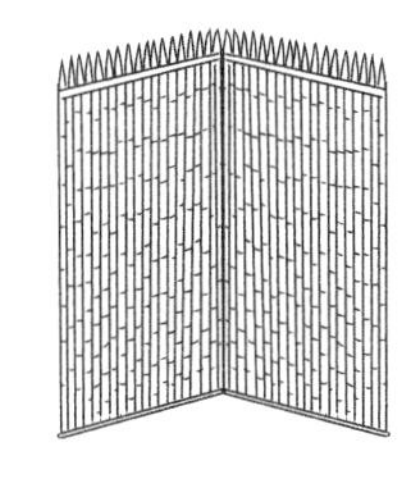

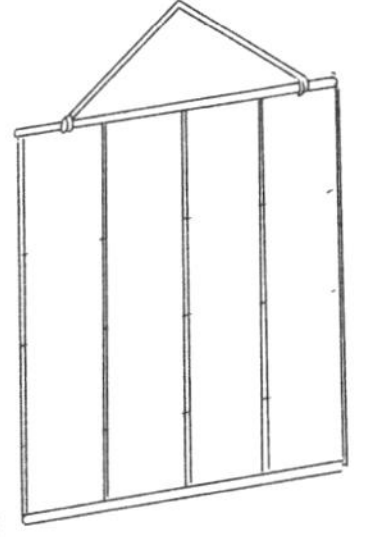

布幔（ふまん）
麻縄で作った幔。

（※1）雲梯→162ページ参照。
（※2）搭天車→164ページ参照。

笏 こつ

董卓に投げつけられた象牙の板

笏はもともと、役人が主君の命令の内容を忘れないようにメモを取るための道具であった。それが時代を経て、三国時代の頃には高位の役人や主君と呼ばれる人が正装をするときに持つ道具となった。現在、中国の成都に「武侯祠(※1)」があるが、ここに飾られている劉備の像は笏を持っている。一方で、諸葛亮の像は笏を持っていない。これは劉備が諸葛亮の主君だからである。

『三国志演義』では、董卓が後漢王朝の皇帝・少帝を廃して献帝を擁立する場面で、後漢王朝の役人だった丁管(※2)が董卓の横暴に怒り、持っていた象簡を董卓に投げつけるというシーンがある。その結果、丁管は董卓によって処刑されてしまうのだが、このとき丁管が投げつけた象簡とは、象牙の笏だったとされる。

笏とは

笏
象牙製のものが多かったが、木製のものもあった。
笏
高官が威儀を正すために持つ道具

(※1) **武侯祠**　諸葛亮や劉備を祀る廟所。厳密にいうと武侯祠は諸葛亮の霊廟で、劉備の霊廟は「漢昭烈廟」という。

(※2) **丁管**　『三国志演義』にのみ登場する架空の人物。後漢王朝で尚書という役所についている。

急所であるわきの下を守る画期的な発明

筒袖鎧

とうしゅうがい

後漢末になると中国全土が戦乱に包まれるようになったため、三国鼎立の状態になるまでは兵器の生産力は落ちていった。そのため、すべての兵士に鎧を支給することはできず、２００年の官渡の戦い(※1)では、敗北した袁紹(※2)軍の装備は鎧１万、馬鎧３００だったという記事がある。袁紹軍の兵士の総数は約７万とあるので、鎧を装備していたのは兵士の７分の１だったということになる。

筒袖鎧は、袖がついた金属製（青銅製や鉄製が多かった）の鎧で、兵士の上腕とわきの下を金属で守ることができた。蜀漢の諸葛亮が考案したものとして有名だが、前漢時代に同タイプの鎧はすでにあり、諸葛亮が改良したということだろう。防御力は抜群で、隋(※3)の時代まで主力の防御兵器として使用された。

筒袖鎧

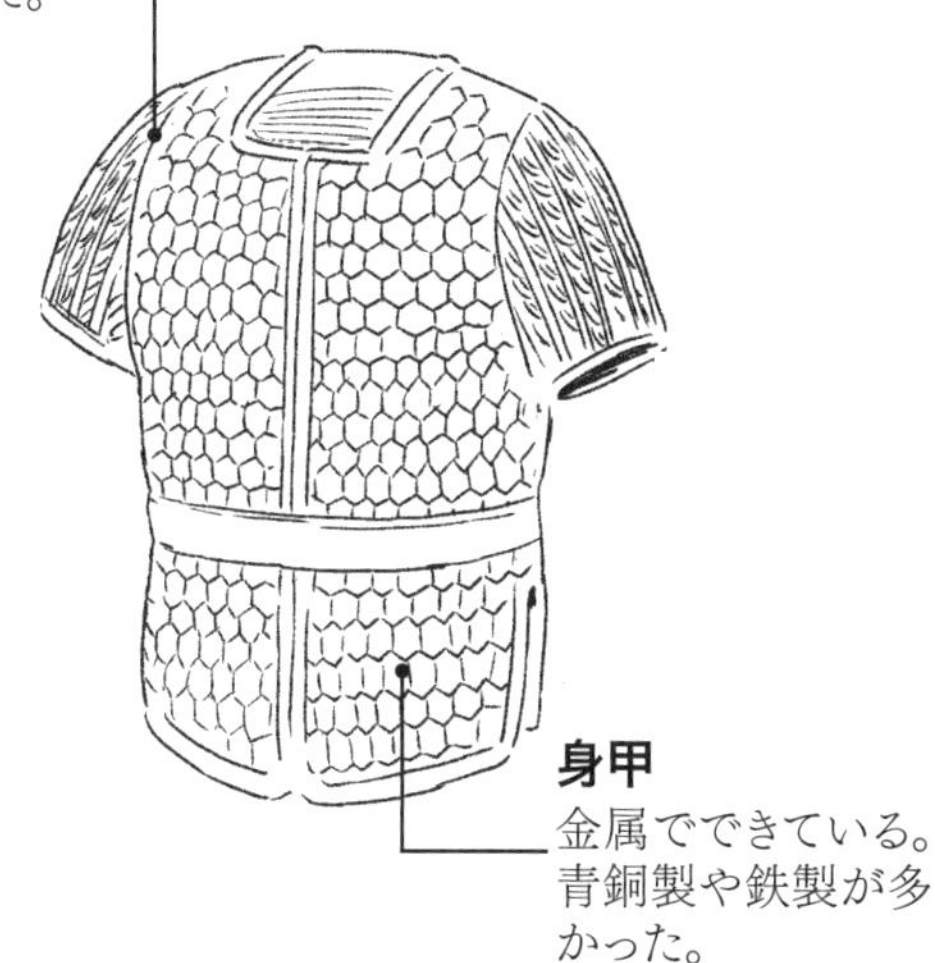
袖筒（じゅうとう）
上腕部とわきの下を金属で保護することで防御力がアップした。
身甲
金属でできている。青銅製や鉄製が多かった。

（※1）**官渡の戦い**　200年に勃発した曹操と袁紹による戦い。曹操が勝利し、曹操の天下取りへの第一歩となった。

（※2）**袁紹**　後漢王朝下で三公を4代にわたって輩出した名門の出。反董卓連合の盟主になるなど後漢末の群雄のなかでは頭一つ抜けていたが、官渡の戦いで敗北し没落した。

（※3）**隋**　南北朝時代のあと中国を統一した王朝。581年に建国され、618年に唐に滅ぼされた。

水に強いが火に弱い

藤甲 とうこう

藤甲は、油をしみこませた籐の蔓（つる）を編んだ鎧である。金属製ではなかったため、ほかの鎧に比べると軽量で、錆（さ）びることもなかった。通気性がよく、湿度の高い土地に適した鎧であり、そのため南方の地域で普及したといわれる。

『三国志演義』では、諸葛亮（しょかつりょう）が南蛮（なんばん）(※1)の異民族討伐に遠征したとき、藤甲を着込んだ藤甲軍に苦戦を強いられる場面がある。劣勢に追い込まれた南蛮の王・孟獲（もうかく）(※2)は、烏戈（うか）(※3)の国王・兀突骨（ごつとっこつ）に助けを求め、兀突骨は藤甲軍を率いて諸葛亮と対峙した。藤甲は刀も矢も通さない丈夫な作りになっていて、諸葛亮軍は敗れていったん撤退するが、そのとき藤甲を持ち帰ることに成功した。諸葛亮は藤甲が火に弱いことを突き止め、兀突骨軍を地雷を仕掛けた谷に誘導し、兀突骨軍を全滅させたのである。

藤甲

身甲
籐の蔓を編み上げて製作する。

籐
半年間、油に浸けた籐を素材に使っており、そのため防水性に優れていたという。

（※1）**南蛮**→ 93 ページ参照。
（※2）**孟獲**→ 53 ページ参照。
（※3）**烏戈**　南中にあったとされる異民族の国。

「護心」が兵士の心臓を守る

明光鎧 めいこうがい

明光鎧は南北朝時代（※1）（5世紀〜6世紀）から唐（※2）の時代（7〜10世紀）まで使われた鎧で、その原型は三国時代に開発されたものである。

胸部と背中に「護心」と呼ばれる楕円形のプレートがつけられており、それまでの鎧に比べると防御力がアップしている。金属製で、袖もついているので、身体を守る部分も多かった。護心は鏡のように磨かれ常に光っていた。そこから「明光鎧」と名付けられたという。

明光鎧と同じ形状で、「黒光鎧」という鎧もあった。これは鎧の材料となる金属を黒漆で塗装したものだ。魏軍は黒光鎧を多く使用しており、祁山の戦い（※3）（231年）で勝利した諸葛亮は5000もの黒光鎧を戦利品として奪ったという。

明光鎧

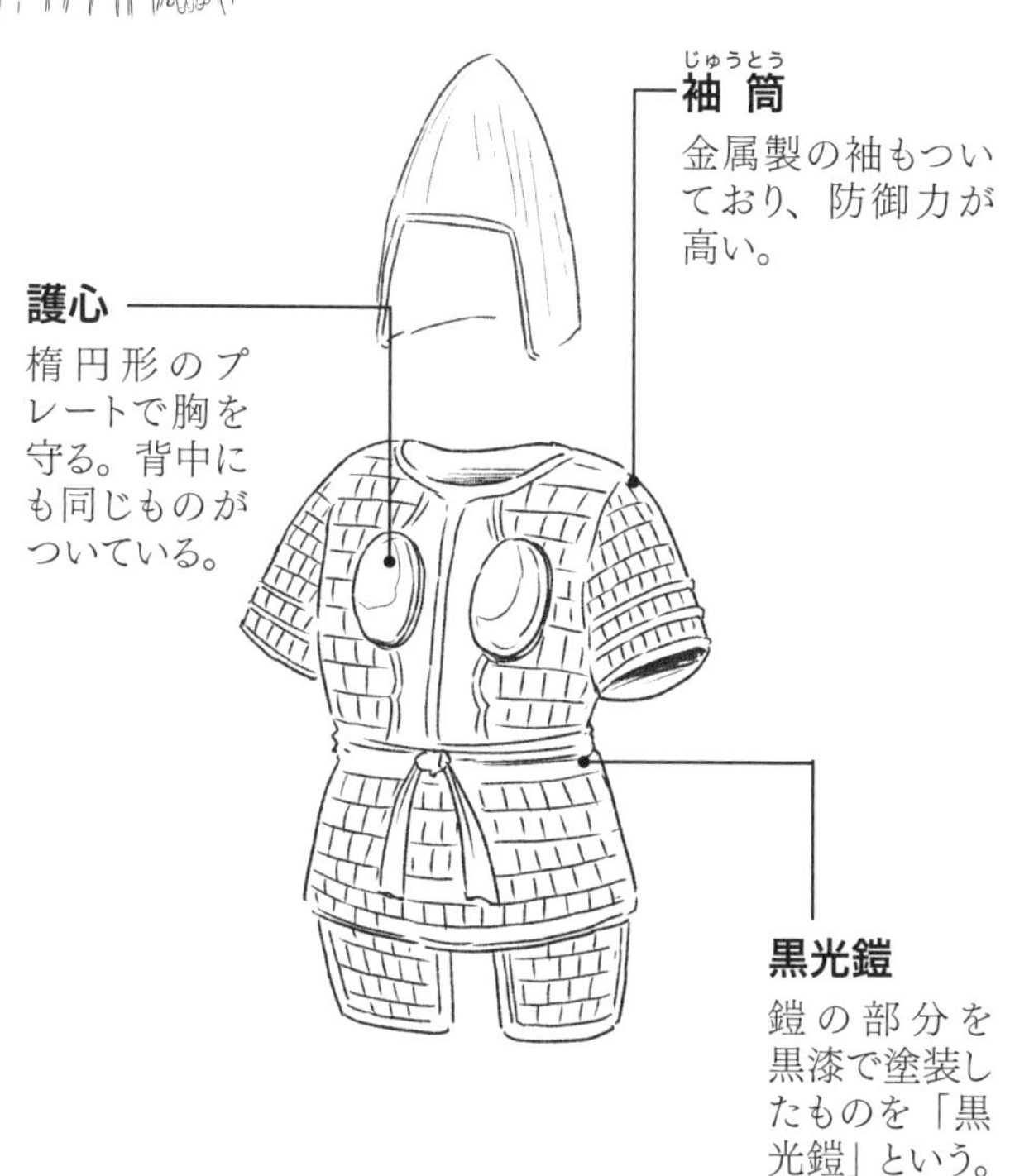
護心
楕円形のプレートで胸を守る。背中にも同じものがついている。
じゅうとう
袖筒
金属製の袖もついており、防御力が高い。
黒光鎧
鎧の部分を黒漆で塗装したものを「黒光鎧」という。

（※1）**南北朝時代**　晋が衰退したあとの五胡十六国時代のあと、中国の南北に王朝が建てられた時代。439年にはじまり、589年に隋が中国を統一するまでの時代を指す。

（※2）**唐**→35ページ参照。

（※3）**祁山の戦い**　諸葛亮による北伐のうちの一戦。諸葛亮が司馬懿軍に勝利するが、補給に失敗して撤退した。

騎兵用の動きやすい鎧

裲襠甲

りょうとうこう

筒袖鎧（※1）や明光鎧（※2）、藤甲（※3）はおもに歩兵用に装備された鎧である。一方で、騎兵がおもに装備したのが裲襠甲である。両当鎧ともいう。

裲襠甲の特徴は、歩兵用の鎧よりも軽く作られている点である。筒袖鎧などのように袖はなく、体の前面を保護する胸甲と、背中を保護する背甲だけという形状だった。胸甲と背甲は別パーツとなっていて、これを肩につけられているベルトで結びつけ、さらに腰のベルトで固定した。馬上での動きやすさを追求した鎧だったといえる。

裲襠甲は前漢の時代（紀元前206年～8年）に原型が発明されたが、騎兵が発達した三国時代に完成したとされ、その後、唐の時代でも儀仗用の防具として存続した。

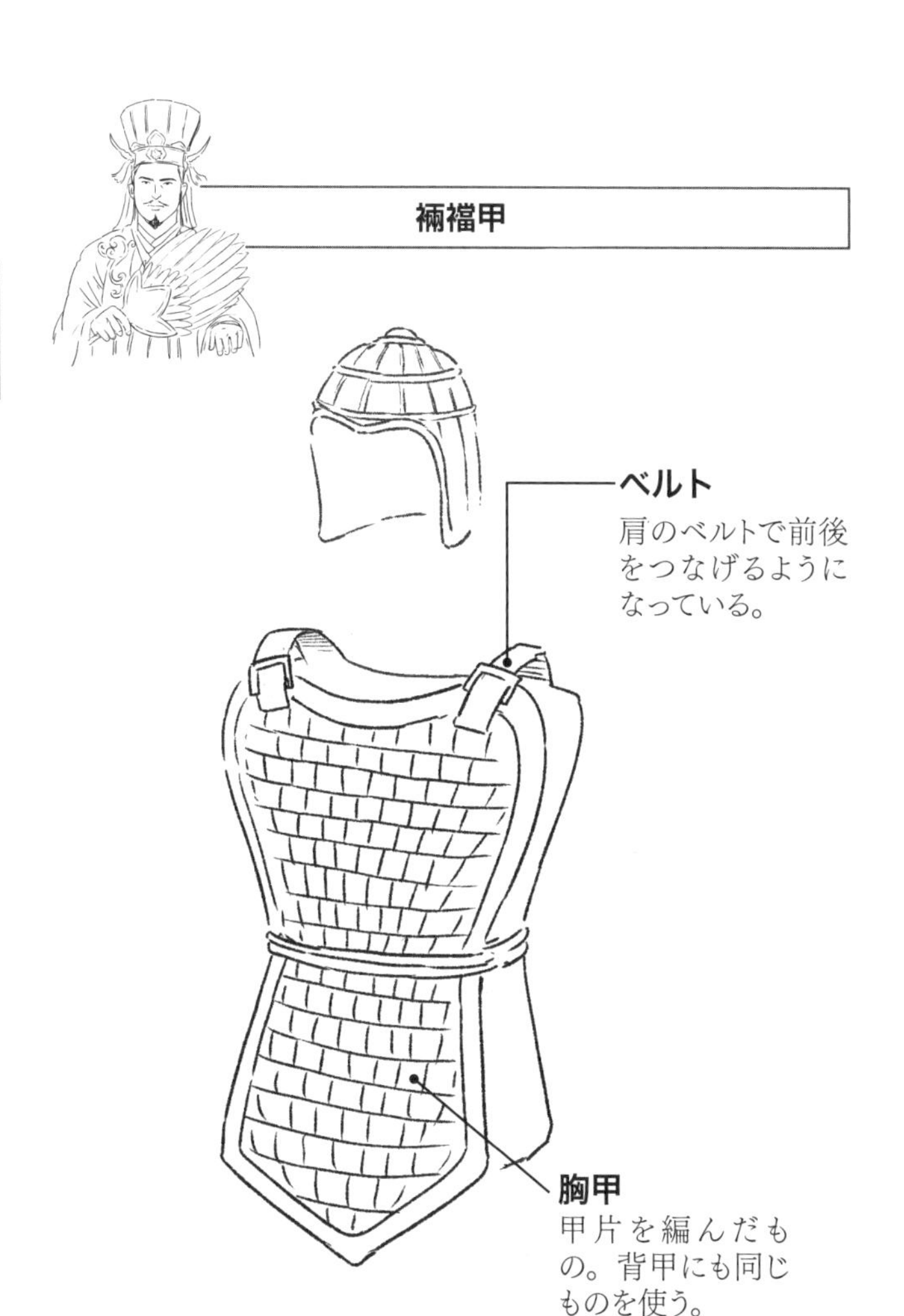

裲襠甲
ベルト
肩のベルトで前後をつなげるようになっている。
胸甲
甲片を編んだもの。背甲にも同じものを使う。

（※1）筒袖鎧→124ページ参照。
（※2）明光鎧→128ページ参照。
（※3）藤甲→126ページ参照。

馬の全身を覆った金属製の鎧

馬甲　ばこう

騎兵や戦車の担い手として戦場に出撃していた馬を守る防御兵器が「馬甲」である。簡単にいえば、馬に装備させる鎧のことで、「馬鎧(ばがい)」「甲騎具装(こうきぐそう)」ともいう。馬の身体全体を覆う金属製の鎧で、足だけは走りやすいようにそのままとされた。

馬甲はもともと戦車戦が主だった春秋戦国時代（紀元前8世紀～紀元前5世紀）に生まれた防具で、戦車戦がすたれた前漢(ぜんかん)時代には使われなくなったが、三国時代に復活した。「将を射んと欲すれば先ず馬を射よ」ということわざがあるように、騎兵と戦う際にまず目標とされたのが馬だった。そのため、馬を守る必要性が生じた。また、鮮卑(せんぴ)(※1)や烏桓(うがん)(※2)などの異民族が弩などの強力な飛び道具を多数装備するようになったことも馬甲の復活を後押しした。200年の**官渡(かんと)の戦い**(※3)では、袁紹(えんしょう)軍は300の馬甲を装備していた。

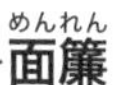
馬甲

面簾（めんれん）
馬の顔面をカバーする金属製の面。
当胸（とうきょう）
脚以外の身体全体を覆う金属製の鎧。
塔後
馬の尻の部分を覆う鎧。

（※1）**鮮卑**　中国北方の異民族。匈奴や烏恒とともに後漢末から三国時代にかけて反乱を起こし、各国を悩ませた。

（※2）**烏恒**　鮮卑と同族とされる。はじめ匈奴にしたがっていたが、匈奴が衰退すると勢力を盛り返した。

（※3）**官渡の戦い**→125ページ参照。

敵の進軍を阻む古典的な障害物

拒馬槍

敵の進軍を阻むために作られた防御兵器が「拒馬槍」である。拒馬槍は直径60センチメートル、長さ3メートルほどの丸谷、長さ約3メートルの槍を数本突き刺して、並べて置けるようにしたものだ。

槍の穂先を前面に向ければ、自陣の防御とともに敵への威嚇にもなった。拒馬槍は持ち運びができる兵器であり、城内や宿営に設置されることもあったが、野戦で使うこともあった。敵側から発見されやすいという欠点はあるが、発見されたとしても敵の進軍を遅らせることはできた。

211年、涼州(りょうしゅう)の豪族・馬超(ばちょう)(※1)と韓遂(かんすい)(※2)が魏(ぎ)に対して反乱を起こし、曹操(そうそう)が自ら出陣した。そして韓遂と曹操の会談が行なわれることになったが、諸将は曹操に「馬どめの木を作って防御したほうがいい」と進言した。これが拒馬槍だと考えられる。

拒馬槍

槍
長さ3メートルほど。槍を土台に突き刺して使う。

土台
土台には長さ3メートルほどの丸太が使われた。

(※1) **馬超**　涼州の豪族。馬騰の子。韓遂らと連合して曹操と対立するが敗れ、漢中の張魯を頼る。その後、再び曹操に敗れ、ちょうどそのとき益州攻略中だった劉備を頼って蜀漢の武将となった。
(※2)**韓遂**　涼州の豪族。黄巾の乱による中央の混乱に乗じて挙兵。その後、何度も反乱を起こしては鎮圧されたが、約30年にわたって涼州を支配し、後漢と魏を苦しめた。

前進と後退を告げる楽器

鉦と鼓　しょうとこ

三国時代の戦場では、上官の命令を伝えるために楽器が使われた。その楽器が鉦と鼓である。

鉦とは、いわゆる「鐘」である。金属製の鐘を棒に吊るし、棒の前後を兵士がもち、もうひとりの兵士が鐘を打った。鼓とは、太鼓のことだ。鉦と同じように棒に吊るして持ち歩いた。基本的に、部隊を前進させるときに鼓を打ち、後退するときに鉦を打った。また、諸葛亮(しょかつりょう)が規定したように、陣形を変更するときに鼓を打ち鳴らすこともあった。

鉦と鼓だけでは命令を伝えづらいときは、旗を使った。曹操(そうそう)は、旗が前に進むときは前身、後ろに向かうときは後退と規定し、諸葛亮も**督将**(※1)以下の将校は旗をもつことを規定した。孫権(そんけん)も皇帝の牙旗として「**黄龍旗**(こうりゅうき)(※2)」という特別な旗を作らせている。

鉦と鼓

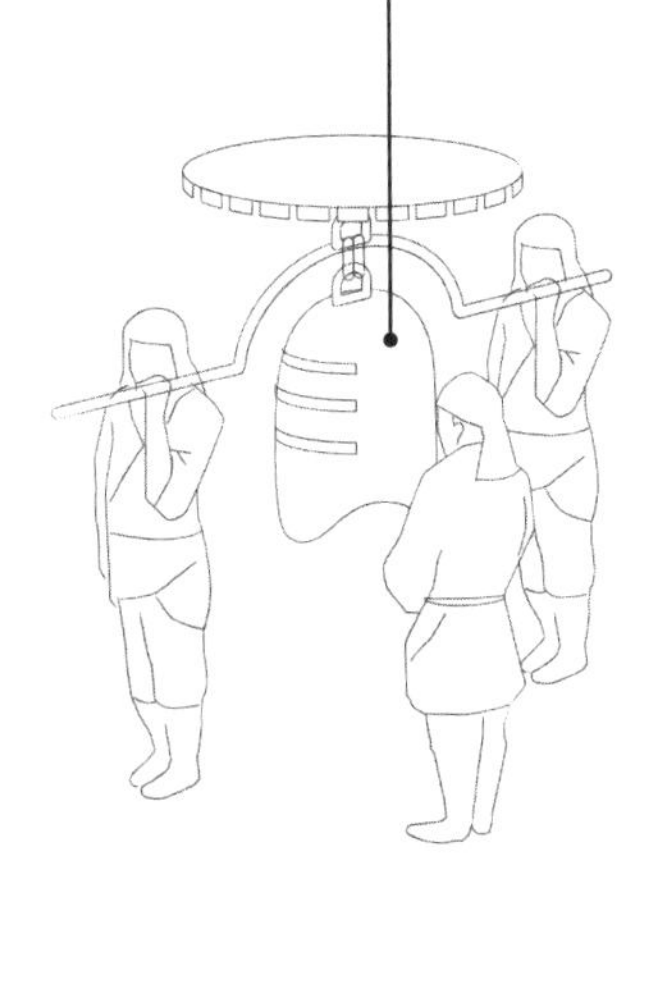

鉦
金属の鐘。これを打って信号とする。

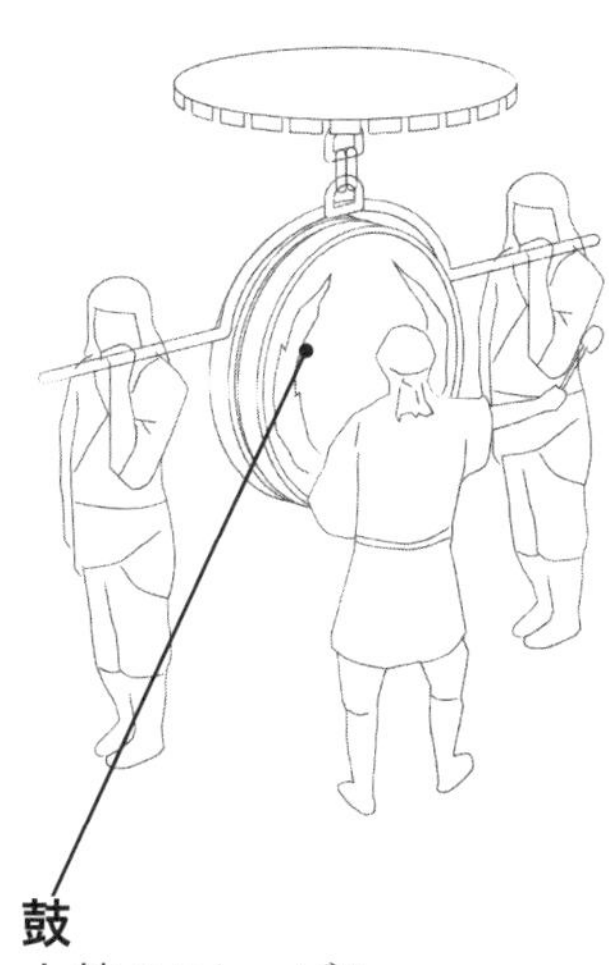

鼓
太鼓のこと。ばちで打って前進の合図とする。

（※1）**督将**　督は軍を統括する最高司令官で、都督・大都督などの官職があった。将は将軍のことで、四征将軍や三将軍などがある。ちなみに、最高の将軍を「大将軍」という。
（※2）**黄龍旗**　黄龍をあしらった旗。

コラム

演義の人たちが読んだ書

兵法や妖術など戦略・戦術を記す書物

『三国志平話』では、張角が洞窟内であらゆる病気の治療法が書かれた天書を手に入れ、『三国志演義』では南華老仙から「太平要術の書」3巻を譲り受け、黄巾の乱を起こしている。

また、張角は「太平清領書」を経典にし、教団を組織したといわれている。

正史内でも不可思議な術を使ったとされる左慈は、石壁から手に入れた「遁甲天書」3巻を読み、妖術を使えるようになった。

諸葛亮は、呉の軍師・陸遜、魏の軍師・司馬懿を、石兵八陣という陣形で翻弄し撤退させたが、これを「八陣図」という書物で後世に伝えたという。

また、孫策や関羽、曹操の治療にあたった名医・華佗は「青嚢書」という医学書を残したが、残念ながら現在には伝わっていない。

第四章

水上で戦う

水上戦を指揮する大型船

楼船 ろうせん

楼船は、春秋時代から水軍の要として使われていた、大型の指揮官船である。船上には物見櫓が設置され、敵からの矢などを防ぐために周囲を舷墻と呼ばれる防御壁で囲み、弩や長槍用の口がある多層の大型船だった。呉では700人の船員を乗せ、7枚の帆を張った大型船が、東アジア諸国に派遣されており、晋の司馬炎(※1)が呉を攻めたときには、全長170メートルという巨艦が建造されている。この楼船を「連舫」と呼び、『晋書』によれば2000人を収容し、4つの門を備えた城壁があった。

『三国志演義』では、赤壁の戦いの前に呉の周瑜(※2)が敵陣視察を行ったときに、楼船を出動させている。対する魏軍の曹操が乗る大船にも物見櫓が設置されている記述があるので、これも楼船だろう。また、曹丕(※3)が自ら陣頭指揮を執って呉の討伐に向かったとき、龍舟という指揮官船に乗っており、これも楼船の一種だと考えられる。

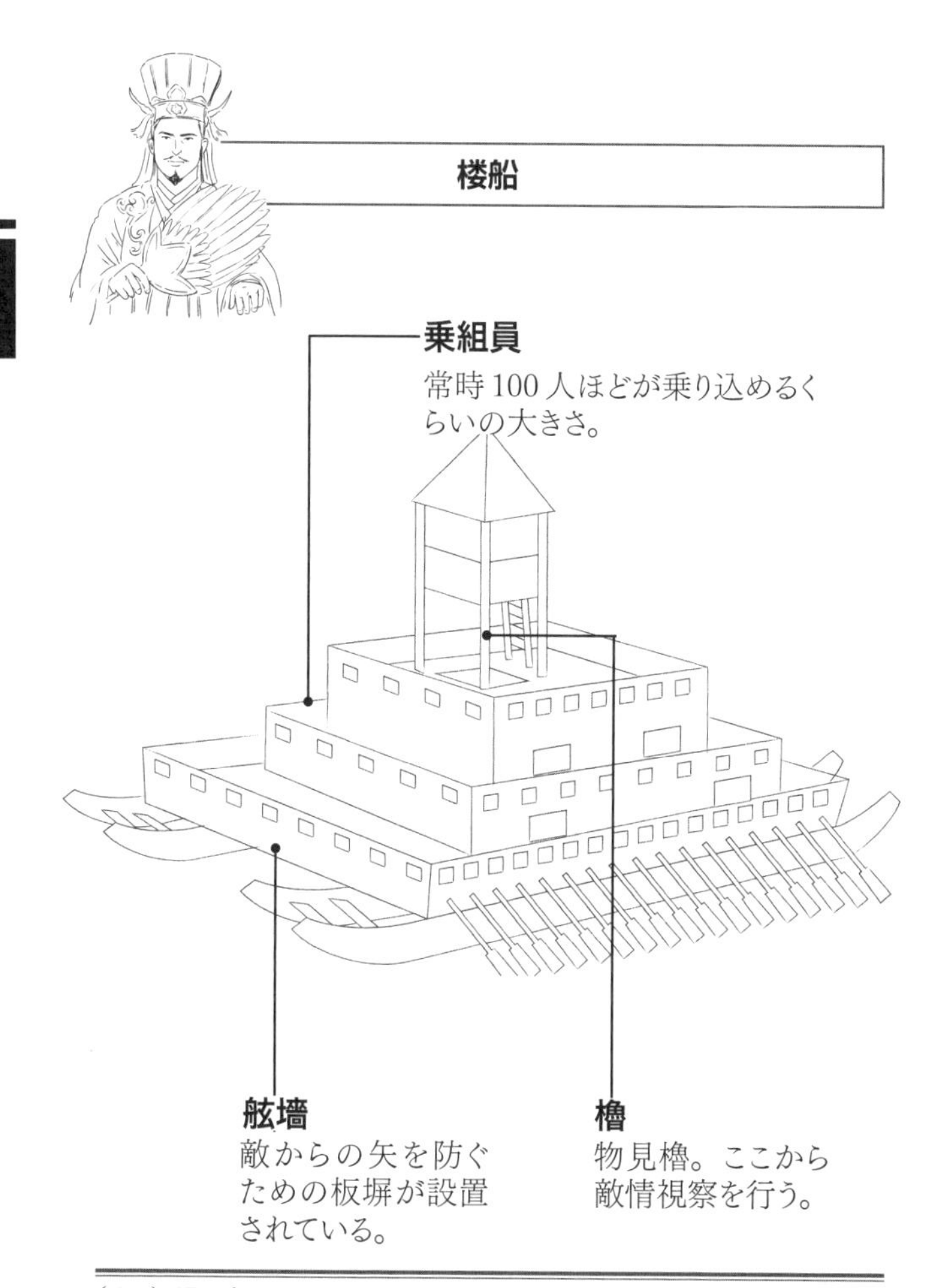

楼船
乗組員
常時100人ほどが乗り込めるくらいの大きさ。
舷墻
敵からの矢を防ぐための板塀が設置されている。
櫓
物見櫓。ここから敵情視察を行う。

（※1）**司馬炎**　司馬昭の子。魏と呉を滅ぼして晋を建国し、初代皇帝となり、三国時代に終止符を打った。

（※2）**周瑜**　呉の武将。もともと袁術配下だったが孫堅に鞍替えし、孫堅死後は孫権に仕えた。赤壁の戦いで開戦を主張し、曹操軍を撃退する戦功を挙げた。

（※3）**曹丕**　魏の初代皇帝。曹操の子で、曹操の死後、後漢の献帝より禅譲を受けて魏を建国した。

敵艦に突っ込み大ダメージを与える

艨衝

もうしょう

　水上戦の攻撃の主力として活躍したのが、艨衝という艦船である。艨衝は、細長く幅の狭い船体の舳先（へさき）に、鋭い衝角（しょうかく）を取りつけた船で、船体の長さは10メートル前後だった。衝角を利用して突撃し、敵船を撃破することが主な役目である。中央部分を仕切って、右舷・左舷にそれぞれ5人ほどが乗ってスピードを出した。また、先陣を切ることが多かったため、船体をなめしていない牛皮で覆って耐火性を高めてあった。

　三国時代には、長江（ちょうこう）と海に面している呉（ご）軍が水軍の雄であり、艨衝の名も『呉史』に登場することが多い。正史では、赤壁（せきへき）の戦いで黄蓋（こうがい）(※1)が火計（かけい）を用いた船が、艨衝と闘艦（とうかん）と記されている。また、濡須口（じゅすこう）で曹操（そうそう）軍と戦った徐盛（じょせい）(※2)が、艨衝を操って曹操軍を撤退させている。賀斉（がせい）(※3)は艨衝や戦艦に鮮やかな彫刻や彩色を施して敵を圧倒し、魏軍の曹休（そうきゅう）はその威勢に押されて撤退している。

艨衝

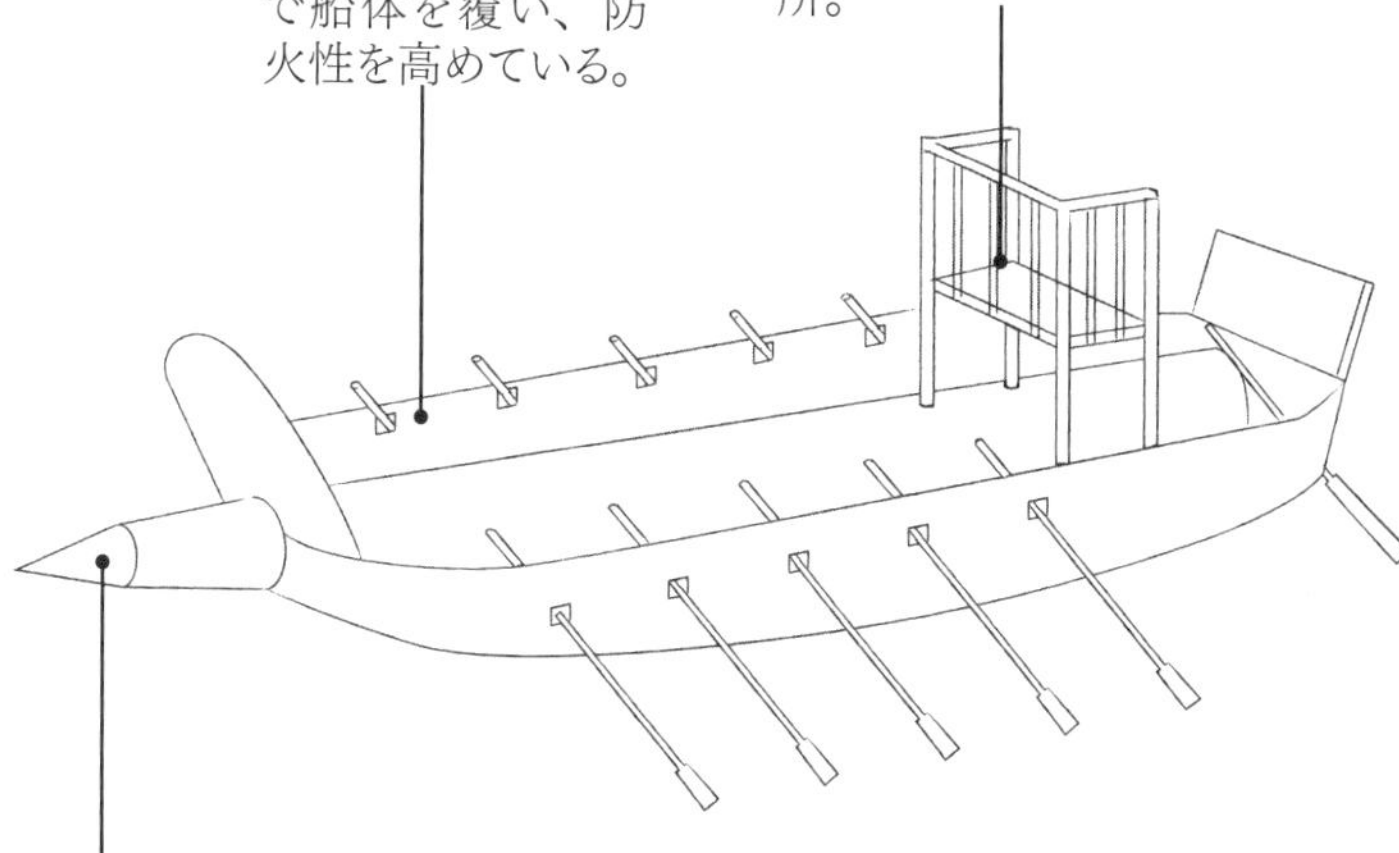
櫓
太鼓をたたいて味方を鼓舞したりする場所。
船体
なめしていない牛皮で船体を覆い、防火性を高めている。
衝角
船体の先に鋭い突起状の物体がついている。

（※1）**黄蓋**→39ページ参照。

（※2）**徐盛**　呉の武将。黄祖軍を寡兵で撃退したことで名を上げ、その後は赤壁の戦い、合肥の戦い、濡須口の戦いなど呉の主要な戦争に従軍して数々の武功を挙げた。

（※3）**賀斉**　呉の武将。山越などの反乱鎮圧に活躍し、孫権に信頼された。濡須口の戦いでは曹休軍を破った。

水上戦の主力となった重装備船

闘艦 とうかん

艨衝(※1)とともに、水上戦の攻撃の要となったのが闘艦である。闘艦は、船体の側面に防御壁となる墻を設置し、その下に櫂を漕ぐための孔という窓が開けられている。船内は墻と同じ高さの棚を築き、その上に2層の女墻(※2)を建てて敵からの攻撃を防ぐとともに、そこから、弓や弩で攻撃を仕掛けた。また、戦場には櫓が設けられ、敵情視察と攻撃を行なった。

闘艦は艨衝より大型で防御に優れているが、スピードは劣る。そのため、先陣を切ることはなく、主に指揮官船となる楼船の周囲に配置され、楼船を狙ってくる敵の軍戦を迎撃し、楼船を守備することが役目とされた。赤壁の戦いで黄蓋(※3)が曹操軍に偽りの降伏をしたとき、黄蓋は闘艦と艨衝を数十隻選んで出陣したと書かれており、小型の闘艦もあったようだ。

闘艦と似た形態の戦艦として、海鶻という戦船もあった。これは、闘艦より転覆しづらい船で、その形がハヤブサ（鶻）に似ていることから海鶻と名付けられたという。

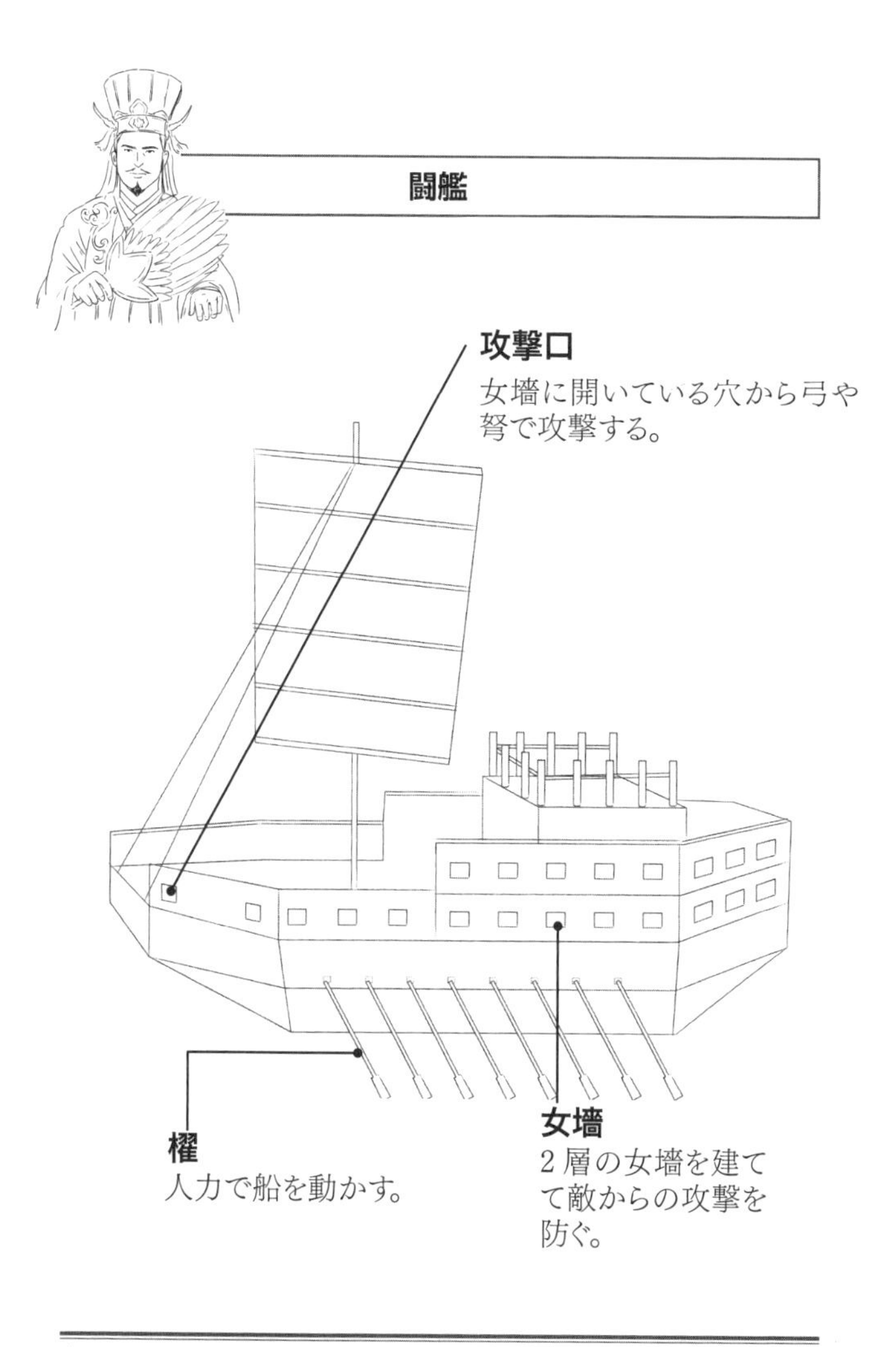
闘艦
攻撃口
女墻に開いている穴から弓や弩で攻撃する。
櫂
人力で船を動かす。
女墻
2層の女墻を建てて敵からの攻撃を防ぐ。

（※1）**艨衝**→142ページ参照。
（※2）**女墻**　低い壁や垣根のこと。
（※3）**黄蓋**→39ページ参照。

呉の水軍で大活躍した戦船

露橈　ろしょう

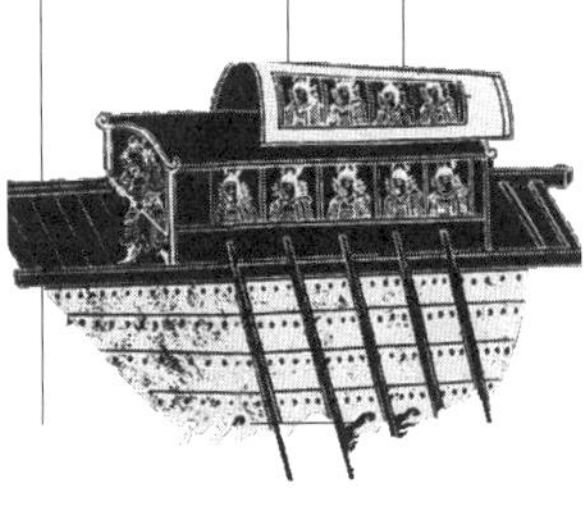

露橈は闘艦より小型で小回りがきき、十数人の漕ぎ手と兵士が乗船することができた。船体の長さは15メートルくらいで、漕ぎ手は板で保護され、船の側面に櫂だけが長く突き出した格好となっていたので、この名がついたという。船上には武器庫のような櫓を設置しており、そのため艨衝よりスピードが出なかった。先陣を切ることはなかったが、小回りをきかせて水上の各艦の護衛や、攻撃の補助などを行なったりした。

『三国志演義』には、艨衝や楼船などの艦船の名は登場するが、闘艦、露橈の名は出てこない。これらの艦船は「戦船」と総称されている。魏軍の蔡瑁(※1)・張允(※2)が三江口に攻め込んできたとき、呉軍は甘寧、蔣欽(※3)、韓当が戦船の大軍を擁して迎え撃ち、曹操軍の船団のど真ん中に突撃し、縦横無尽に魏の水軍を翻弄した。また、晋の司馬炎が呉を滅ぼしたときは、水軍と陸軍を合わせて20万余騎という大軍を動員し、戦船は数万隻に及んだという。

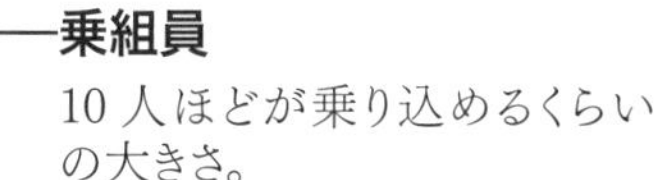

露橈

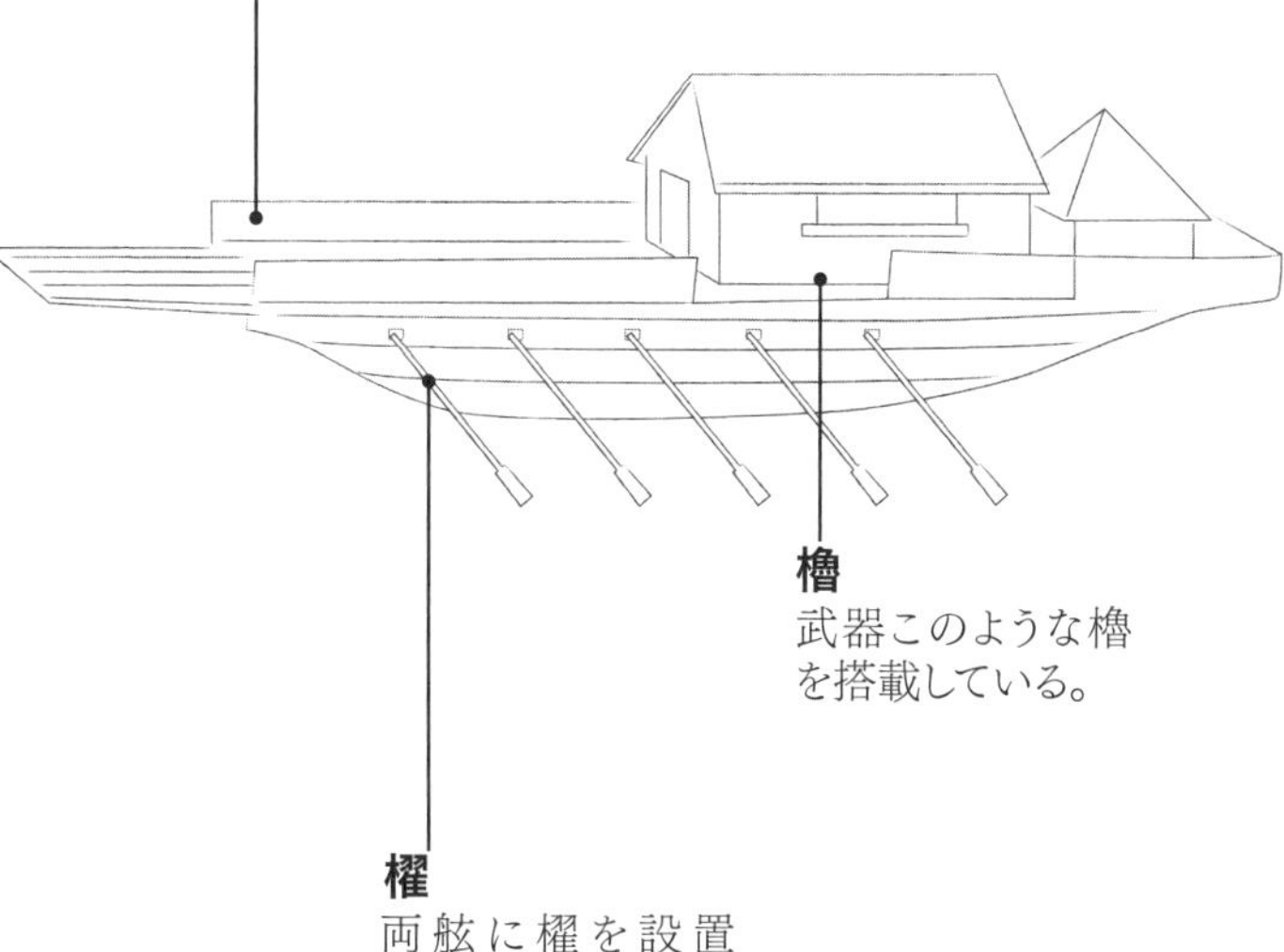

乗組員
10人ほどが乗り込めるくらいの大きさ。
櫓
武器このような櫓を搭載している。
櫂
両舷に櫂を設置し、1人が1本の櫂を操作する。

（※1）**蔡瑁**　劉表配下の武将だったが、荊州が曹操の支配下に入ると曹操にしたがった。

（※2）**張允**　劉表配下の武将。劉表死後の家督争いでは劉琮を支持したが、曹操の荊州侵攻により没落した。

（※3）**蔣欽**　孫策の代から呉に仕えた武将。武力と人格を兼ね備えた名将として知られる。

スピード重視の小型船

走舸 そうか

水上戦でもっともスピードを重視した船が、走舸である。春秋時代にもあった赤馬(せきば)(※1)や先登(せんと)といった快速船の発展形で、戦闘要員より漕ぎ手の人数が多いのが特徴だった。走舸は、船体の両側に女墻(じょしょう)をつけただけのシンプルな作りで、小型でスピードが出るため、伝令や水中に投げ出された味方の救助などを行い、また陣を突破してきた敵船に奇襲をかけたり、敵陣をかく乱して陣形を崩すなど、臨機応変に立ちまわった。

正史では、『呉史』周瑜(しゅうゆ)伝や董襲(とうしゅう)伝(※2)にその名が見える。『三国志演義』では、赤壁(せきへき)の戦いで黄蓋(こうがい)が曹操(そうそう)軍に火船とともに、走舸を繋いで突撃を敢行している。

諸葛亮(しょかつりょう)が10万本の矢を調達した有名な場面では、快船20隻で曹操陣に赴き、曹操軍から射られた矢を鹵獲すると、そのスピードで曹操軍の追撃を振り切っているが、これが走舸だろう。

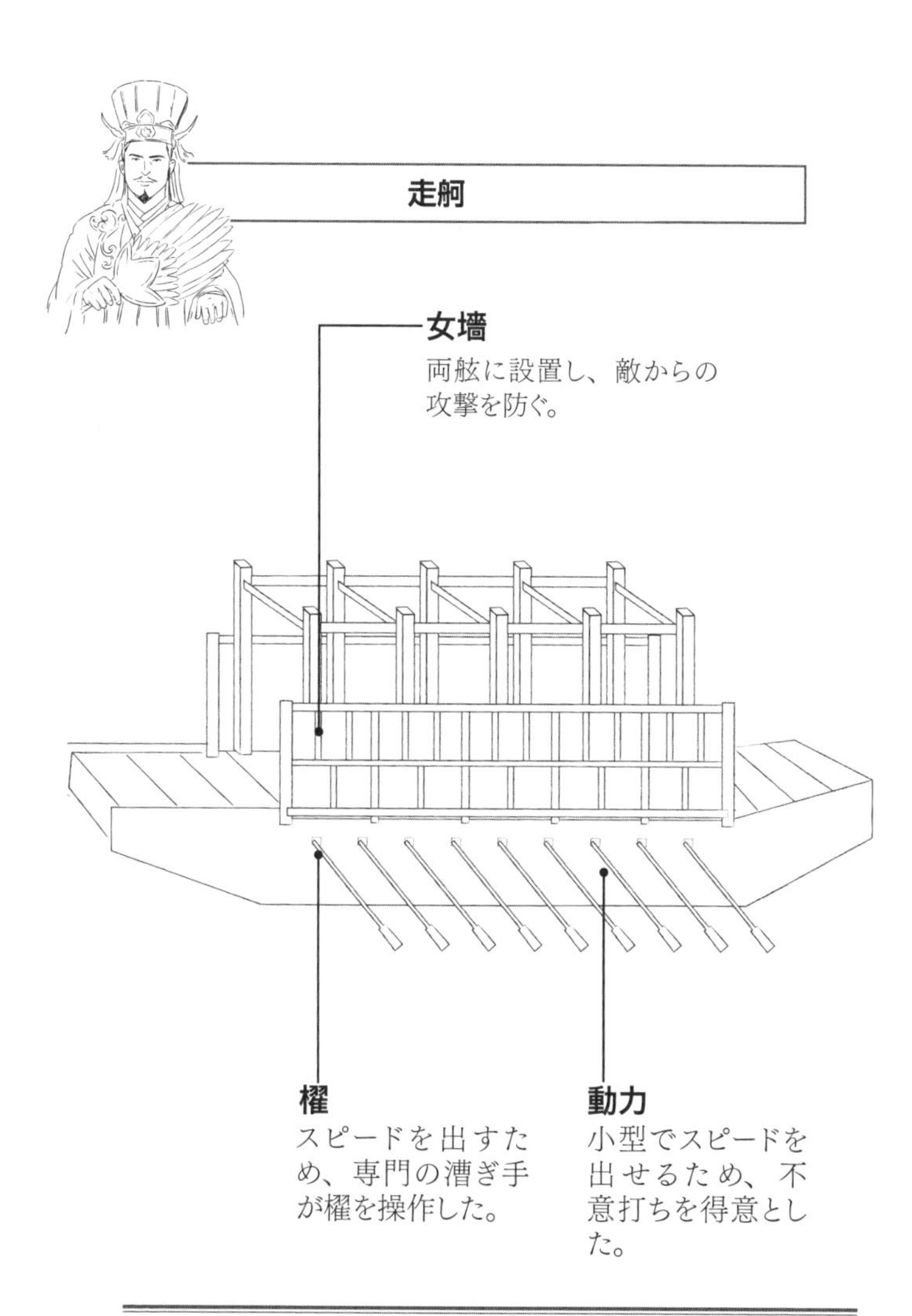

走舸
女墻
両舷に設置し、敵からの攻撃を防ぐ。
櫂
スピードを出すため、専門の漕ぎ手が櫂を操作した。
動力
小型でスピードを出せるため、不意打ちを得意とした。

（※1）**赤馬**　船体を赤く塗った快速船のことで、走舸と併用して使われていた。
（※2）**董襲**　呉の武将。黄祖討伐などで活躍したが、濡須口の戦いで戦死した。

赤壁に曹操軍を破った最後の切り札

火船　かせん

赤壁の戦い(※1)は、兵力差を覆して孫権・劉備連合軍が曹操軍に勝利をおさめ、三国鼎立のきっかけになった戦いである。この勝利の立役者となったのが火船だった。

火船は敵の艦隊に火をつけて、水上戦を有利に進めるための計略である。船そのものに火をつけるのではなく、燃えやすい薪や草を摘んで、そこに火をかけるのである。

赤壁の戦いにおいても、孫権軍の黄蓋(※2)は数十隻の艨衝と闘艦を用意し、船内に柴や枯れ草を積み込んで、それらに魚油(※3)をかけて曹操軍の艦隊に突撃した。黄蓋は曹操軍に偽りの投降を信用させており、曹操の警戒心は緩んでいた。黄蓋は曹操軍の艦隊に近づくと、火船に火をかけて突っ込んだ。折からの強風にあおられ、炎はあっという間に燃え広がり、岸辺の軍営までも焼き払った。火船による火計は大成功をおさめ、曹操軍は完敗を喫して撤退を余儀なくされた。

火船

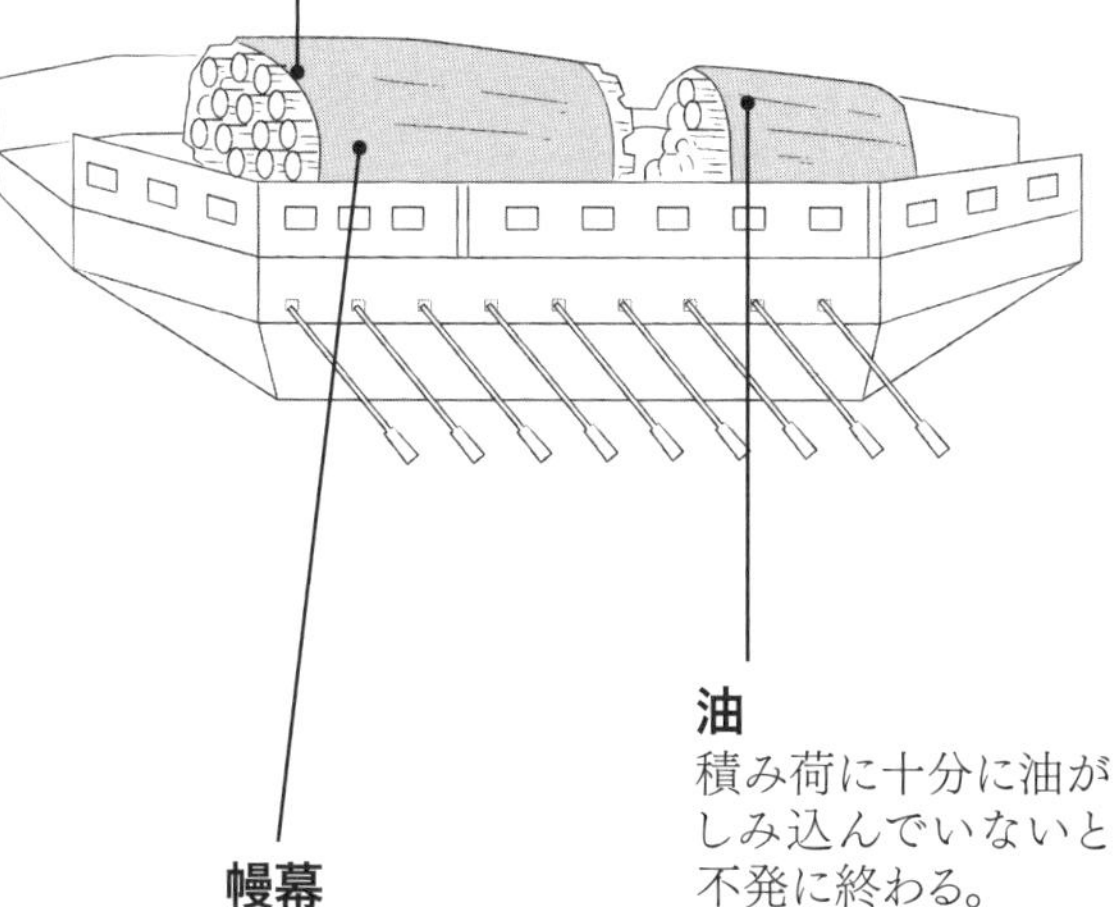
積み荷
薪や草など燃えやすいものを
船に積む。
油
積み荷に十分に油が
しみ込んでいないと
不発に終わる。
幔幕
敵に気づかれない
ように、幔幕など
で積み荷を覆う。

（※1）**赤壁の戦い**→25ページ参照。
（※2）**黄蓋**→39ページ参照。
（※3）**魚油**　船に積み込んだ柴や枯草が燃えやすいようにするためのもの。

呉の水軍が活用した船を引っかける鉤

鉤拒

こうきょ

水上での戦いといっても、使用される武器は刀、剣、弓といった陸戦のときとほぼ変わらなかった。距離が離れていれば弓を射て、接近戦になれば刀や剣で攻撃した。弩（ど）も水上戦における重要な武器であり、楼船（ろうせん）や艨衝（もうしょう）には大型の弩が搭載されていることもあった。

しかし、水上戦だけで使われ、陸戦では使われない武器もあった。そのひとつが「鉤拒」である。鉤拒は長さが約3メートルほどの槍状の武器で、先端に金属製の鉤状の突起がついている。敵の船が近づいてきたときにこの鉤を敵船に引っかけて接舷したり、船内の構造物を破壊したりするのだ。逆に、相手の船が近づいてきたときに、鉤拒を使って接舷を阻止することもあった。

長江（ちょうこう）(※1)流域の建業（けんぎょう）(※2)を首都としていた呉（ご）は水戦を得意としており、鉤拒をうまく使って水上戦を優位に進めた。

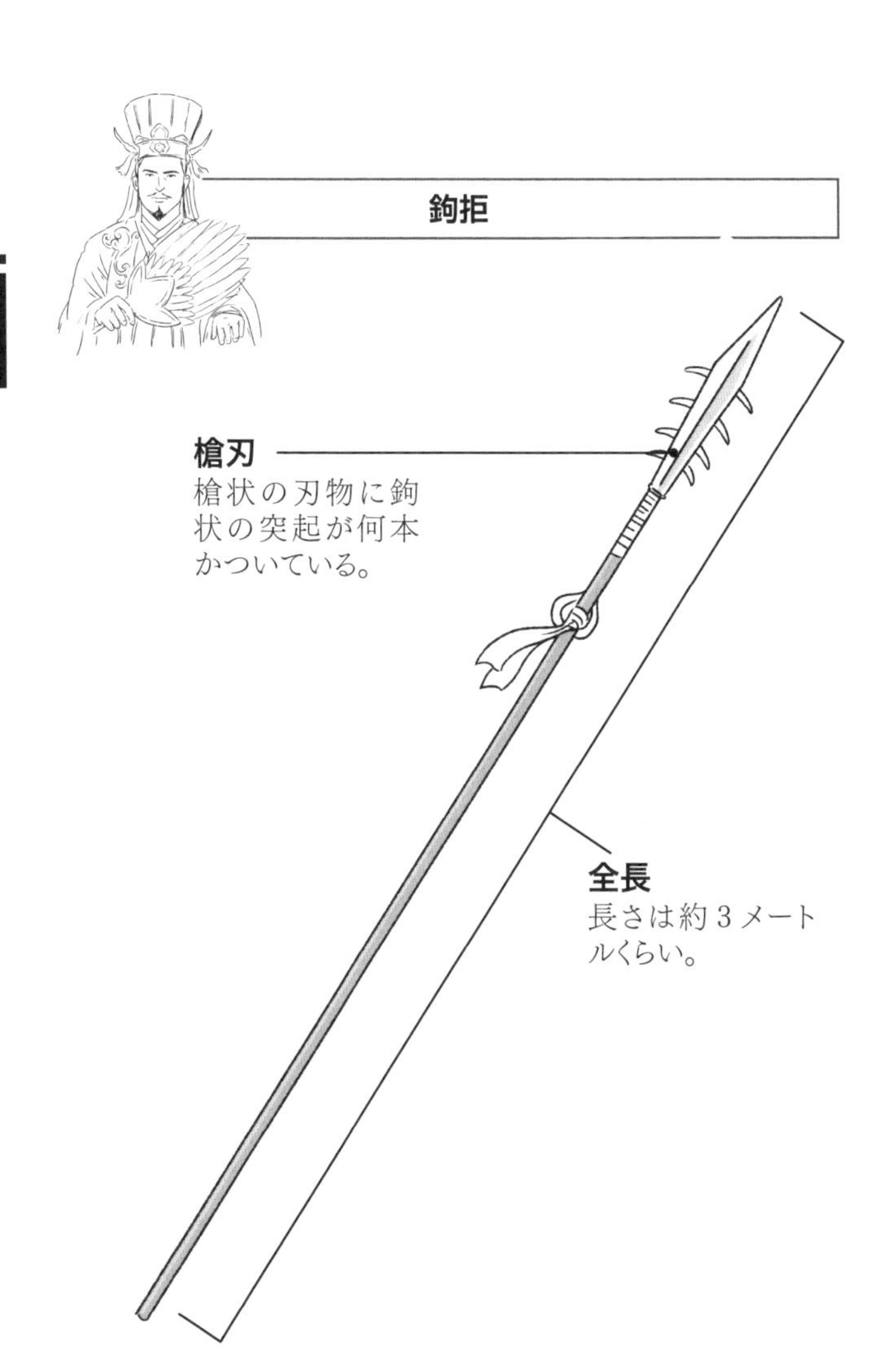
鉤拒
槍刃
槍状の刃物に鉤状の突起が何本かついている。
全長
長さは約3メートルくらい。

（※1）**長江**　全長6000キロメートルを超える大河。揚子江ともいう。
（※2）**建業**　呉の首都。現在の南京付近にあった。

コラム

古代中国の艦隊編成

楼船を中心にさまざまな船を配置

中国では、長江という大河での戦いがあったことから水軍が発達した。水軍にも基本的な陣形があった。

常時100人以上が乗り込んだ、海上の本陣ともいうべき楼船は陣の後方に位置取り、乗船した将軍はそこから指令を飛ばす。本陣を守るように、楼船の周囲には闘艦が配置される。伝令用の走舸や赤馬は前線に配置された。

陣の先頭には先陣を切る艨衝が配され、スピードのある走舸がその周りにひかえる。走舸は敵をかく乱するとともに斥候の役割も担っており、簡単な情報であれば旗信号で楼船に伝え、ときにはスピードを生かして楼船のもとへ戻って情報を伝えた。

戦闘は艨衝同士の激突ではじまり、艨衝からはじき出された兵士を走舸がすくい上げる。楼船からは弩兵による一斉射撃が行われた。

●基本的な水上の陣形

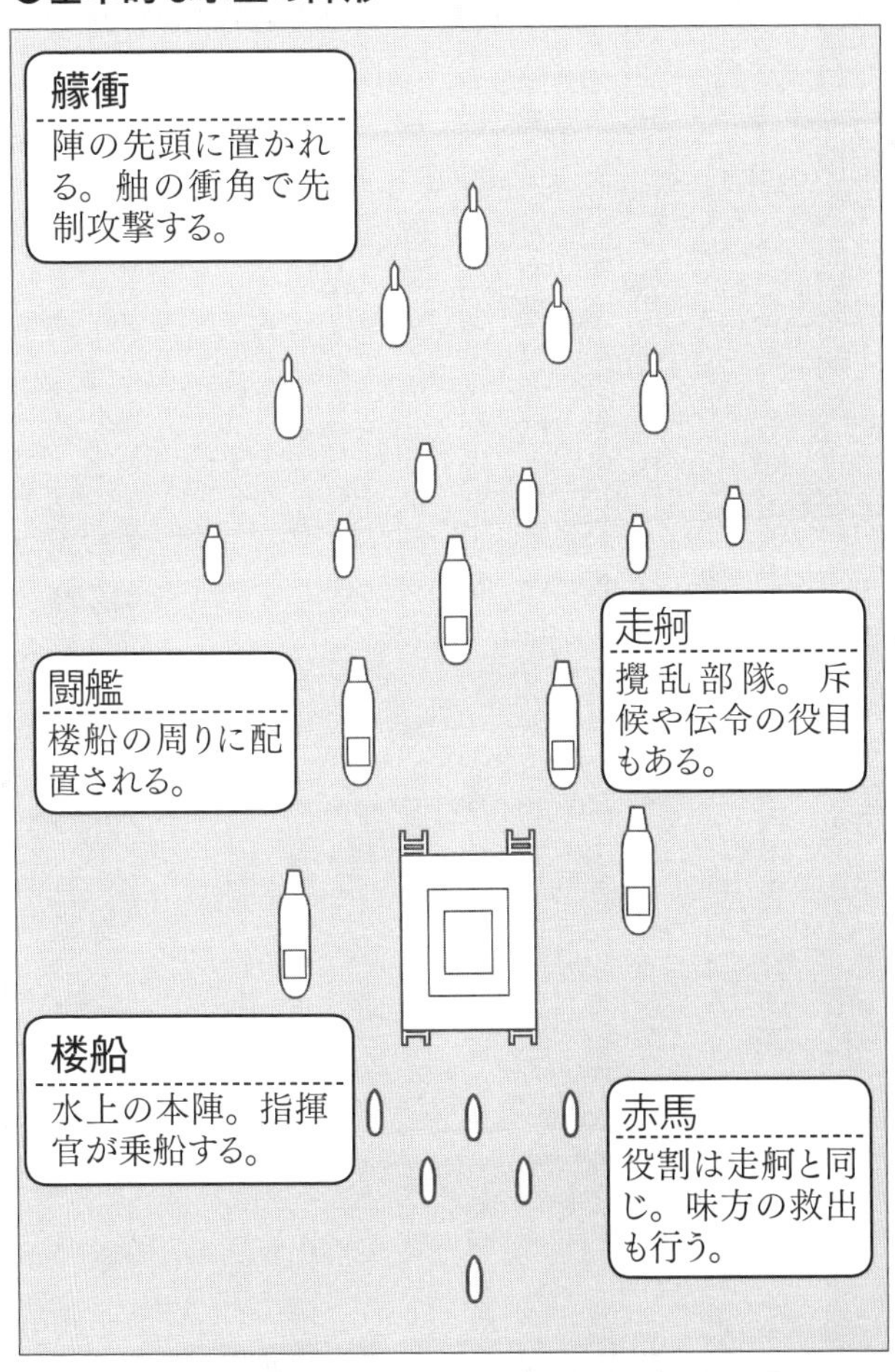
艨衝
陣の先頭に置かれる。舳の衝角で先制攻撃する。
走舸
攪乱部隊。斥候や伝令の役目もある。
闘艦
楼船の周りに配置される。
楼船
水上の本陣。指揮官が乗船する。
赤馬
役割は走舸と同じ。味方の救出も行う。

コラム

三国志の海戦・赤壁の戦い

孫権はどんな船を用意したか

208年、曹操軍と孫権軍が戦った赤壁の戦いは、三国時代を代表する水上戦である。水上戦を得意にしていた孫権軍は、23万ともいわれる曹操の大軍を、わずか3万という兵力で迎え撃ち（兵力については諸説ある）、曹操軍を破った。このとき、孫権が用意した軍船は楼船、艨衝、闘艦、走舸である。

大軍を擁する曹操軍は、孫権軍が布陣する赤壁の対岸・烏林に陣をしき、大量の軍船をすき間なく並べて孫権軍を待ち構えた。兵力に劣る孫権軍は奇襲を狙ってその機会を待ち、両軍は互いにけん制し合いながら、じつに数カ月間も対峙することになった。そして黄蓋の火船による奇襲が成功し、曹操軍の艦船はほぼ全焼という被害をこうむった。そこに渡河してきた孫権軍が襲い掛かり、曹操軍の陣営を焼き尽くしたのである。曹操は命からがら北方へ遁走し、孫権の完勝に終わった。

●赤壁の戦いとは

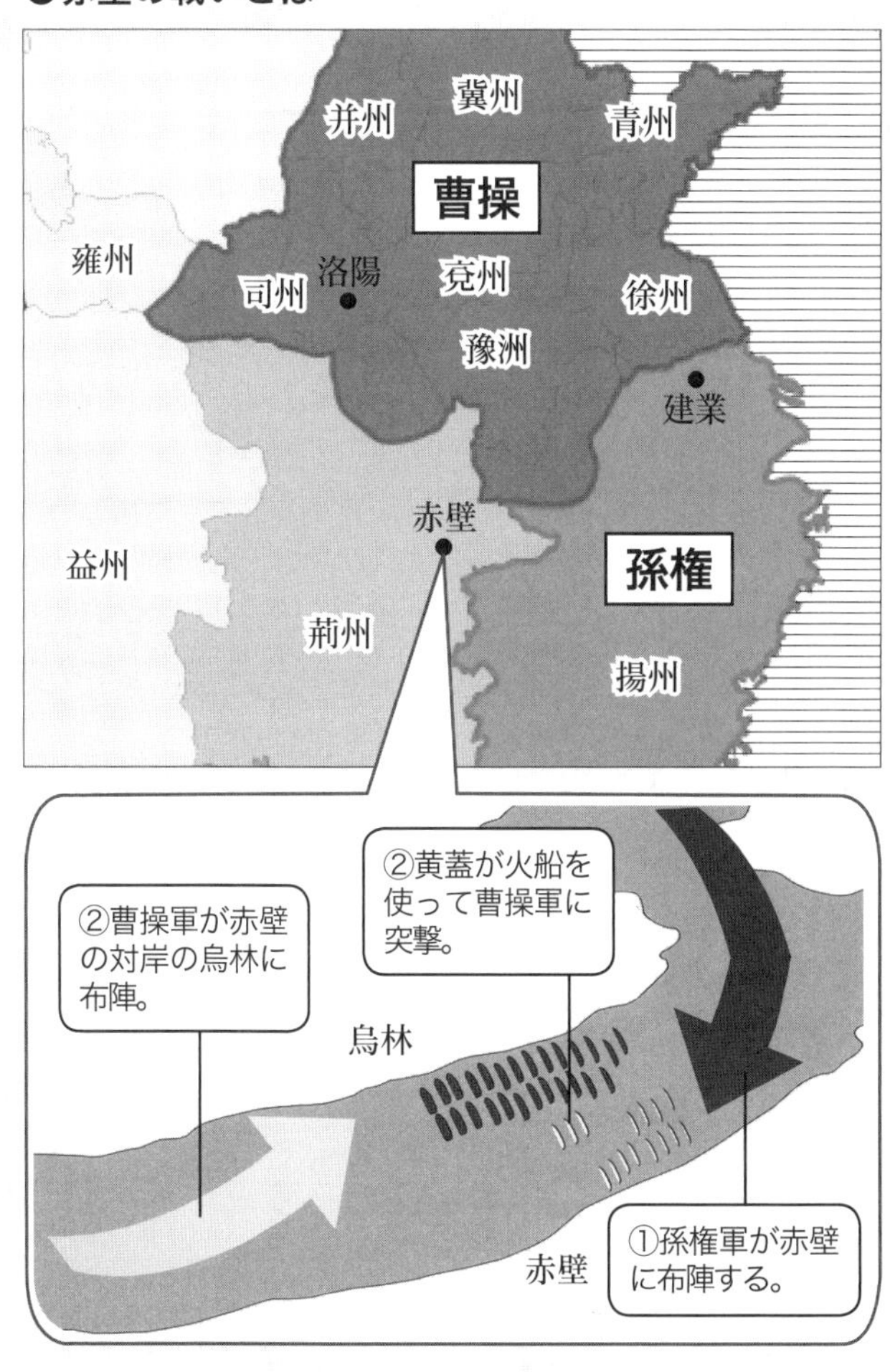
冀州
并州
青州
曹操
雍州
洛陽
司州
兗州
徐州
豫洲
建業
赤壁
益州
孫権
荊州
揚州
②黄蓋が火船を使って曹操軍に突撃。
②曹操軍が赤壁の対岸の烏林に布陣。
烏林
赤壁
①孫権軍が赤壁に布陣する。

コラム

三国時代の河の渡り方

筏を作ったり特別な道具を使う

軍隊の移動の大きな障害となったのが河である。橋や船があればいいが、ない場合は筏をその場で作った。木材が近くにあればそれで作り、ほかに資財がない場合は武器の柄を束ねて作った。

また、「浮嚢」を使うこともあった。これは羊の皮の袋に空気をつめた浮袋のことで、これにつかまって河を渡っていった。

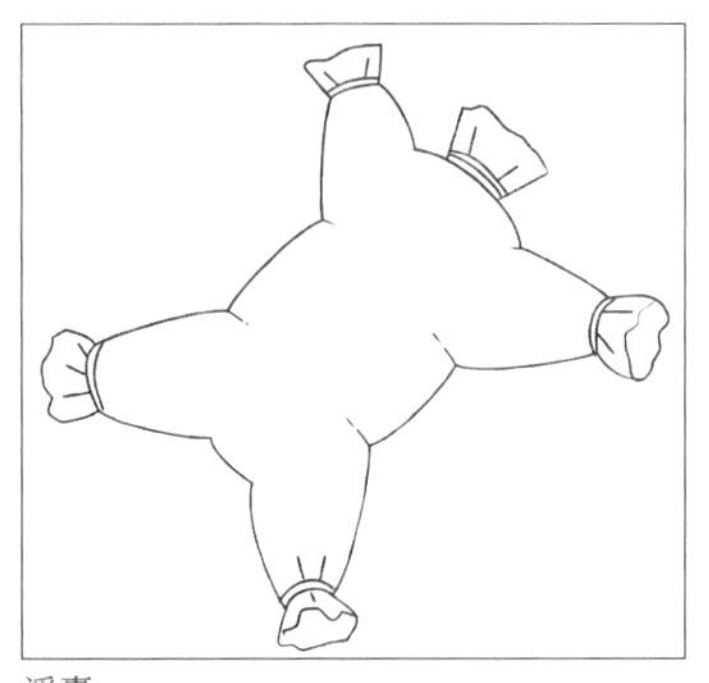

浮嚢
羊の皮で作った浮袋。

第五章

城を攻める・守る

官渡の戦いに登場する雷鳴の如き投石機

霹靂車

へきれきしゃ

霹靂車は、てこの原理を使ってものを放り投げる兵器である。つまり、投石機のことである。台車の上に5メートルほどの組み木を積み上げ、ほぞを噛ませて組み立てた。これを砲架といい、この上に砲軸という回転する軸を据えて、梢と呼ばれる長いバーを設置した。そして、梢の先に革袋を取りつけ、その中に石弾を入れて城壁や敵兵に発射した。

霹靂車は、官渡の戦いで曹操軍に敗れた袁紹軍が名付けたもので、正史にはそれ以降「発石車」の名で語られる。官渡の戦いで曹操軍は、霹靂車で袁紹軍の井蘭を次々と破壊し、官渡城の死守に成功した。『三国志演義』では、霹靂車は曹操軍の軍師・劉曄(※1)が発案したことになっている。その後、発石車の名が登場するのは、司馬懿が燕王・公孫淵を滅ぼした**襄平の戦い**(※2)と、司馬昭が諸葛誕を討ち取った**淮南の戦い**(※3)である。どちらも魏軍が発石車を繰り出し、敵に壊滅的なダメージを与えている。

霹靂車

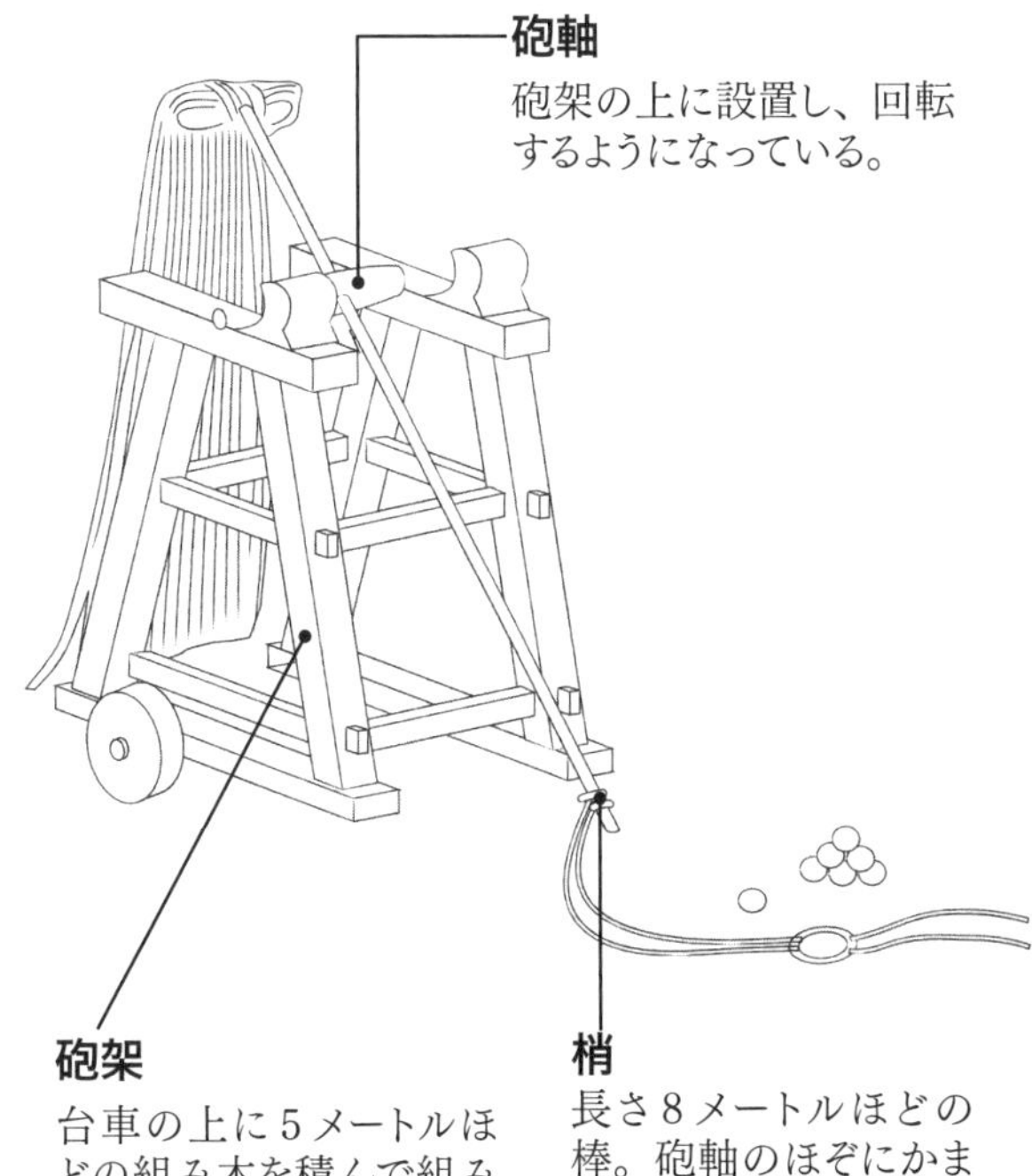
砲軸
砲架の上に設置し、回転するようになっている。
砲架
台車の上に5メートルほどの組み木を積んで組み立てる。
梢
長さ8メートルほどの棒。砲軸のほぞにかませて設置する。

(※1) **劉曄**　後漢の皇帝一族。後漢が衰退すると魏に仕え、2代皇帝・曹叡の代まで仕えた。

(※2) **襄平の戦い**　幽州で独立を宣言した公孫淵を、魏軍の司馬懿が破った戦い。司馬懿が勝利し、魏は遼東半島を支配下におさめた。

(※3) **淮南の戦い**　魏の武将だった諸葛誕が魏に反旗を翻した戦い。諸葛誕は敗れ、これにより司馬氏の専制が確立した。

城壁を乗り越えるための巨大なはしご車

雲梯 うんてい

三国時代になると、高い城壁に守られた都市が現れ、城門を突破することが難しくなった。こうした状況下で作られたのが、雲梯だった。雲梯そのものは春秋戦国時代からあり、古代中国では一般的な攻城兵器であった。雲梯は、城壁を乗り越えるためのはしご車である。台車に折りたたみ式のはしごを設置し、はしごの先に城壁に引っかける鉤を取りつけ、簡単には倒されないよう設計されていた。

三国志で雲梯が登場するのは、**陳倉の戦い**(※1)である。諸葛亮は陳倉から長安を攻略する進路を取ったが、魏軍の**郝昭**(※2)は寡兵ながらも陳倉城を堅固に守っていた。諸葛亮は長期戦を避けるため、雲梯を使って城壁の突破を試みたのである。『三国志演義』では、このとき100台の雲梯が用意され、一台につき10数人が乗って一斉に城壁を登りはじめたとある。対する郝昭は火矢を放って迎撃したため、蜀漢軍の雲梯はすべて焼失してしまった。

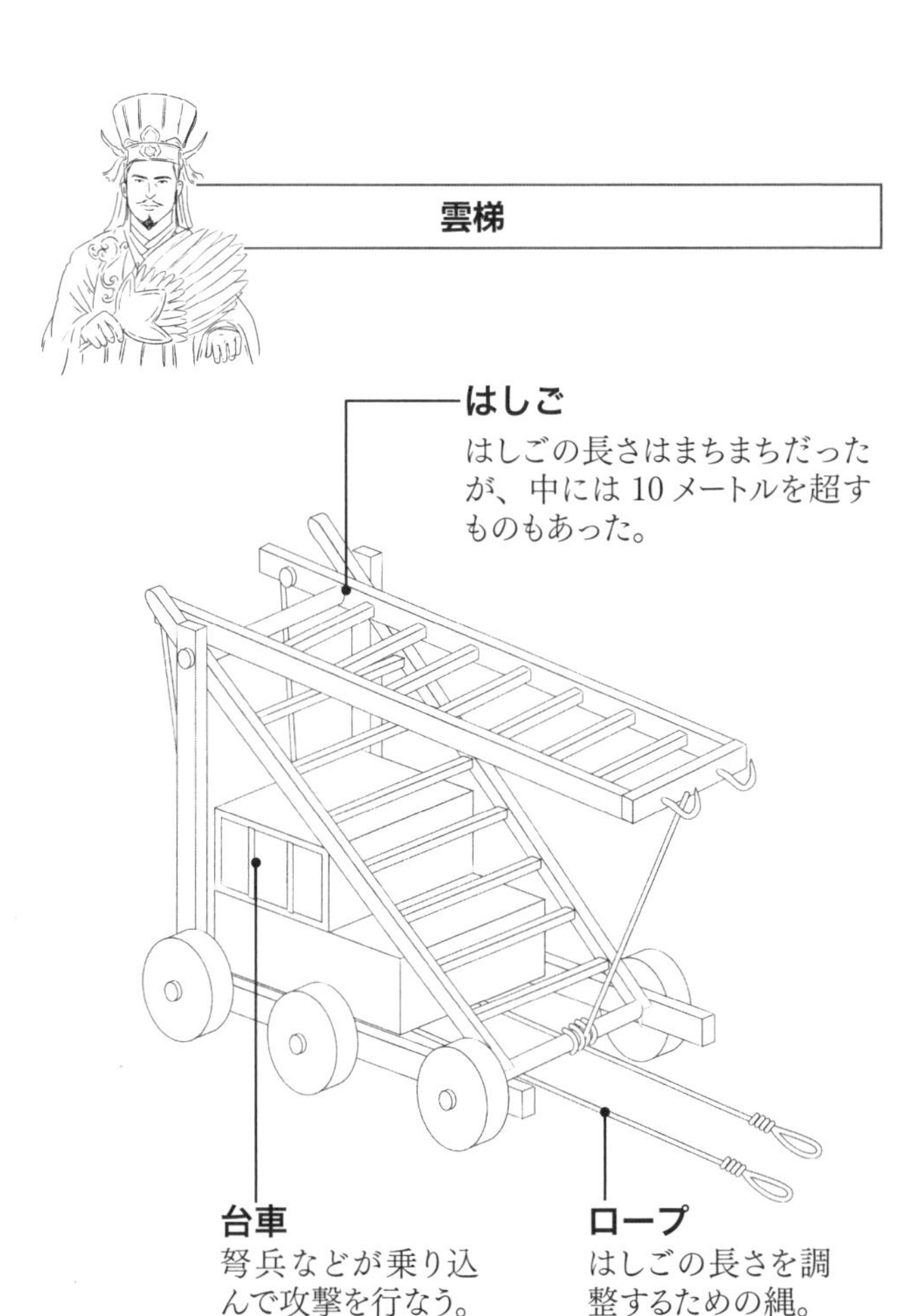

雲梯
はしご
はしごの長さはまちまちだったが、中には10メートルを超すものもあった。
台車
弩兵などが乗り込んで攻撃を行なう。
ロープ
はしごの長さを調整するための縄。

（※1）**陳倉の戦い**→79ページ参照。
（※2）**郝昭**　魏の武将。諸葛亮の北伐をおさえて蜀漢の侵攻を阻むなど、勇猛果敢の武将として名高い。

大量生産が可能な古代のはしご車

塔天車　とうてんしゃ

雲梯を小型化させた攻城兵器が、塔天車である。小回りがきくように、兵士が乗り込む箱はなく、はしごを取りつけただけの簡単なものだった。そのはしごも、折りたたみ式でないものをそのまま取りつけることもあったが、はしごの先端には、城壁に引っかける鉤を必ず取りつけた。木製のため火攻めに弱かったが、牛の皮革で全体を覆い、泥を塗りたくることで耐火性を高めていた。また、小型だったため、現場で作成することも可能だったが、その場合は装甲を施すことができず、敵の火矢によって燃やされることも多かった。孫堅（そんけん）(※1)が襄陽城（じょうようじょう）(※2)に劉表（りゅうひょう）(※3)を攻めたとき、塔天車を使ったともいわれるが、正史には塔天車の名は見られない。ただ、三国時代の攻城戦において、雲梯が使われていたことは確認されているので、塔天車が使われていたとしても不思議ではない。むしろ、大規模な攻城戦より、塔天車を用いた攻城戦のほうが多かったのではないだろうか。

塔天車

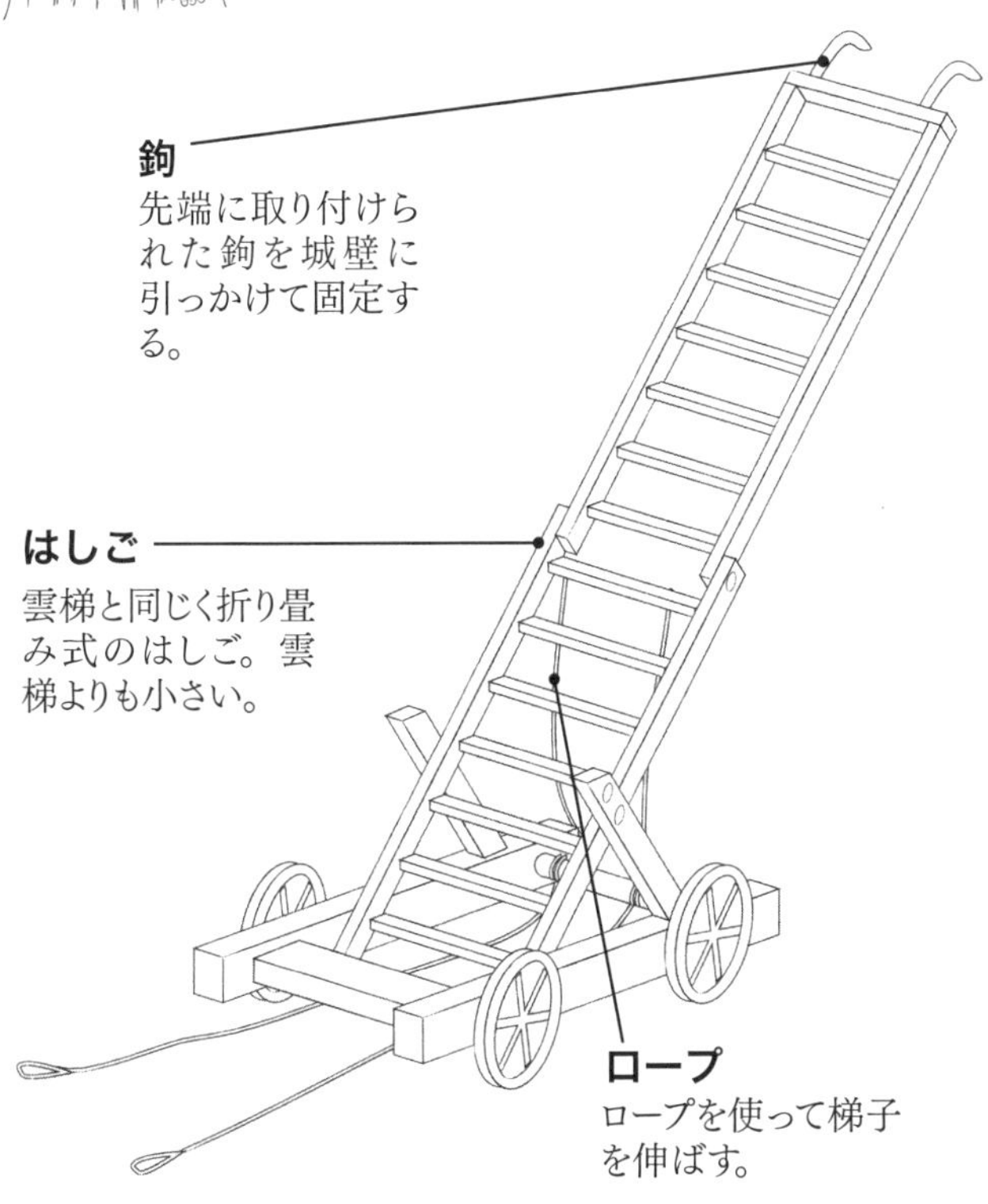
鉤
先端に取り付けられた鉤を城壁に引っかけて固定する。
はしご
雲梯と同じく折り畳み式のはしご。雲梯よりも小さい。
ロープ
ロープを使って梯子を伸ばす。

(※1) **孫堅**→ 75 ページ参照。

(※2) **襄陽城**　荊州南部にあった劉表の城。孫堅は襄陽城を攻めたが戦死した。

(※3) **劉表**→ 75 ページ参照。

城門を打ち破る中国の破城槌

衝車 しょうしゃ

城門や城壁を破壊するために作られたのが破城鎚という攻城兵器で、中国では衝車、または撞車という。三国志では、衝車で統一されている。衝車は、4輪の台車の上にやぐらを組み、撞錘という城壁を破壊するための巨大な鉄製の鎚を取りつけた。衝車には数人の兵士が乗り込み、振り子状の撞錘を揺すって城壁、城門の破壊を行った。数回叩きつけたくらいでは城壁も城門も破れないので、城壁や城門にぴったり張り付いて稼働する必要があり、そのため落石などの落下兵器に弱かった。この弱点を回避するために、衝車には屋根が取り付けられ、さらに燃やされないように、何層もの革で覆った。

諸葛亮（しょかつりょう）が、陳倉（ちんそう）城の攻城戦で雲梯（うんてい）を使ったが、魏（ぎ）軍の郝昭（かくしょう）によってすべて破壊されてしまった。そして、次の一手として繰り出したのが、衝車だった。このときの衝車は、おそらく現地で調達した簡易なものだったと思われる。

衝車

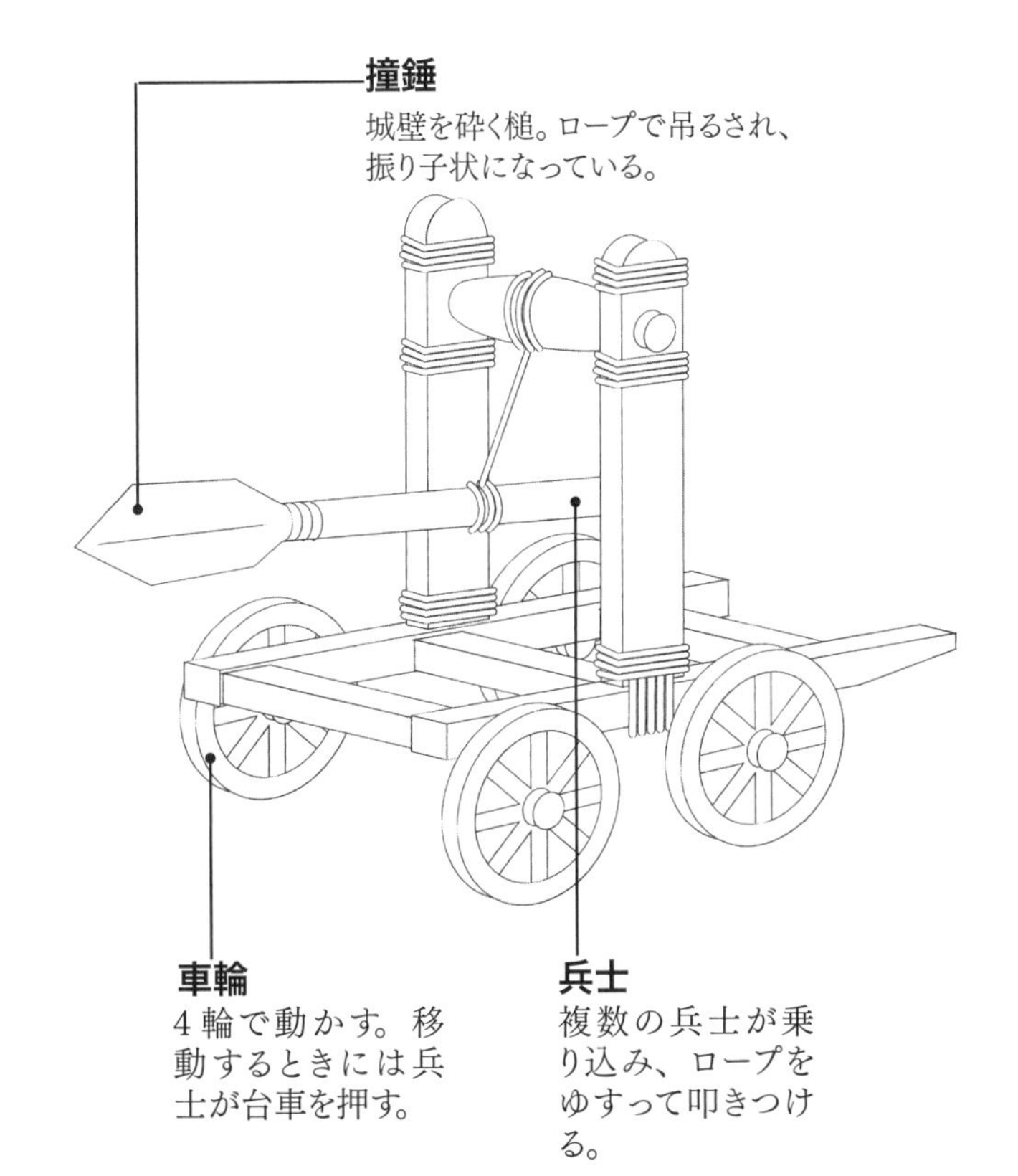
撞錘
城壁を砕く槌。ロープで吊るされ、振り子状になっている。
車輪
4 輪で動かす。移動するときには兵士が台車を押す。
兵士
複数の兵士が乗り込み、ロープをゆすって叩きつける。

移動する巨大な攻城兵器

井蘭 せいらん

古代中国の戦争では、攻城戦を有利に進めるための兵器が活用された。井蘭もその一つで、移動式の攻城兵器で、一般的には攻城塔、攻城櫓と呼ばれる。

井蘭は、台車に車輪をつけて、その上に櫓を組み立て、頂上に弩兵や弓兵を配置して、城壁の上の敵や城内の敵に攻撃を仕掛けた。城壁の高さによって井蘭の高さも変わり、10メートル以上の井蘭はざらであった。

官渡の戦い(※1)のとき、**袁紹**(※2)が井蘭を作り、曹操が籠もる官渡城に猛攻をかけた。正史には「土山を築いて高い櫓を組みたてた」とあるだけで、井蘭の名は出てこない。このときの井蘭は移動式ではない簡易なもので、曹操軍の霹靂車によって大破されることになる。

また、諸葛亮も228年の**陳倉の戦い**(※3)で高さ100尺の井蘭を作り、そこから陳倉城内に矢を射かけたという。

井蘭

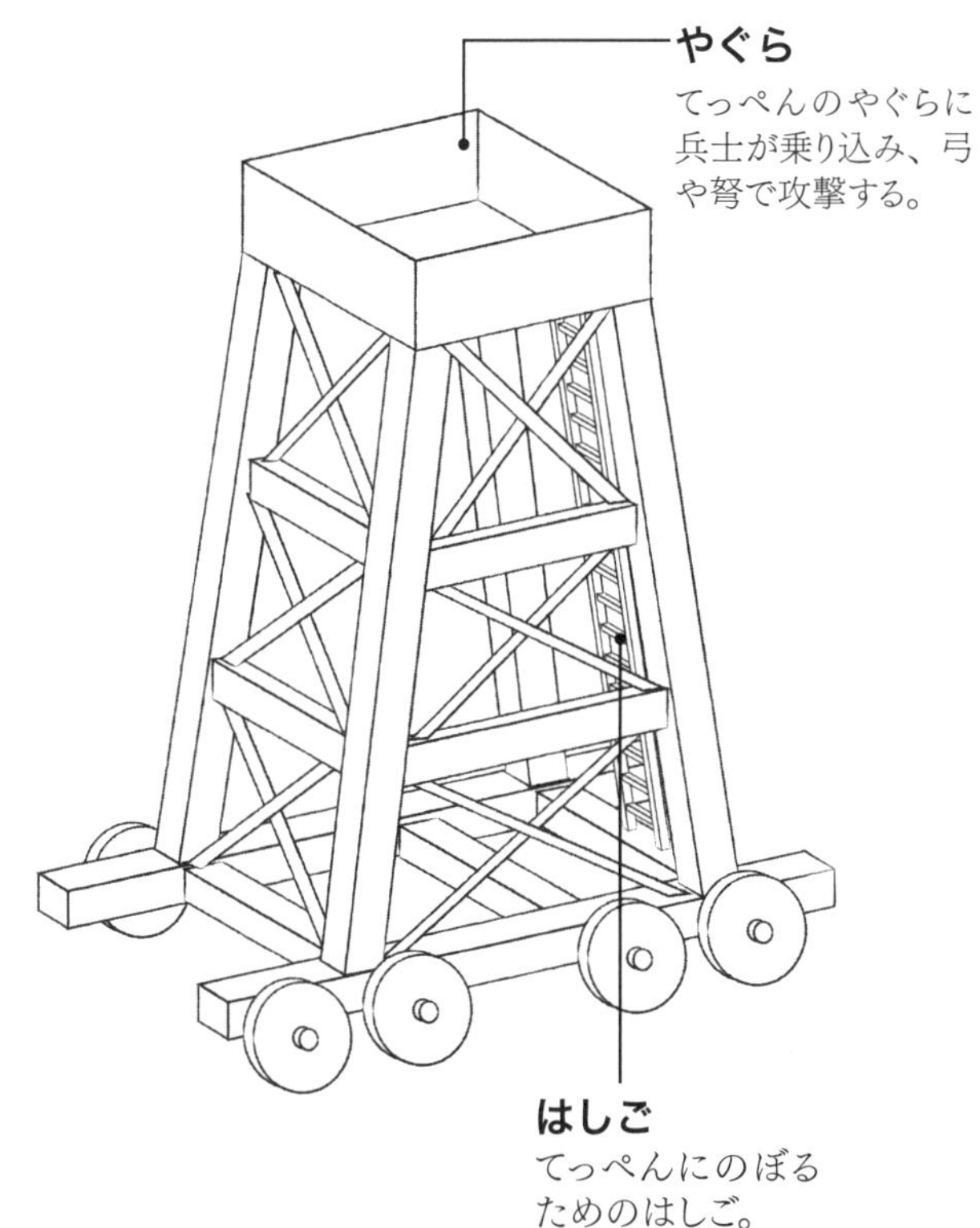

やぐら
てっぺんのやぐらに兵士が乗り込み、弓や弩で攻撃する。
はしご
てっぺんにのぼるためのはしご。

（※1）**官渡の戦い**→125ページ参照。
（※2）**袁紹**→125ページ参照。
（※3）**陳倉の戦い**→79ページ参照。

敵を足止めする古代の撒菱

蒺藜　しつれい

蜀漢は劉備と諸葛亮の二巨頭を失ったあと、軍権を握った**姜維**(※1)が、諸葛亮の意志を継いで北伐を敢行した。その北伐の際、魏の猛将・**徐質**(※2)に攻められた姜維は、魏軍を糧道におびき出すために、陣営の外に鹿角を立て、路上に鉄蒺藜をまいて持久戦の構えを示した。

鉄蒺藜は、菱形をした鉄片で、地面にばらまいて敵の侵攻を防ぐための兵器である。日本でいう撒菱と同じ役割で、蒺藜を踏んだ兵士や馬の脚にダメージを与え、それ以上進めなくする。

忍者が撒菱を投げつけて逃げるイメージが強いかもしれないが、蒺藜は敵の進路を予想し、事前に設置しておくもので、逃げながらまくものではない。また、『三国志演義』では徹里吉率いる**西羌**(※3)軍が、蒺藜も使いこなす強兵として描かれている。

蒺藜

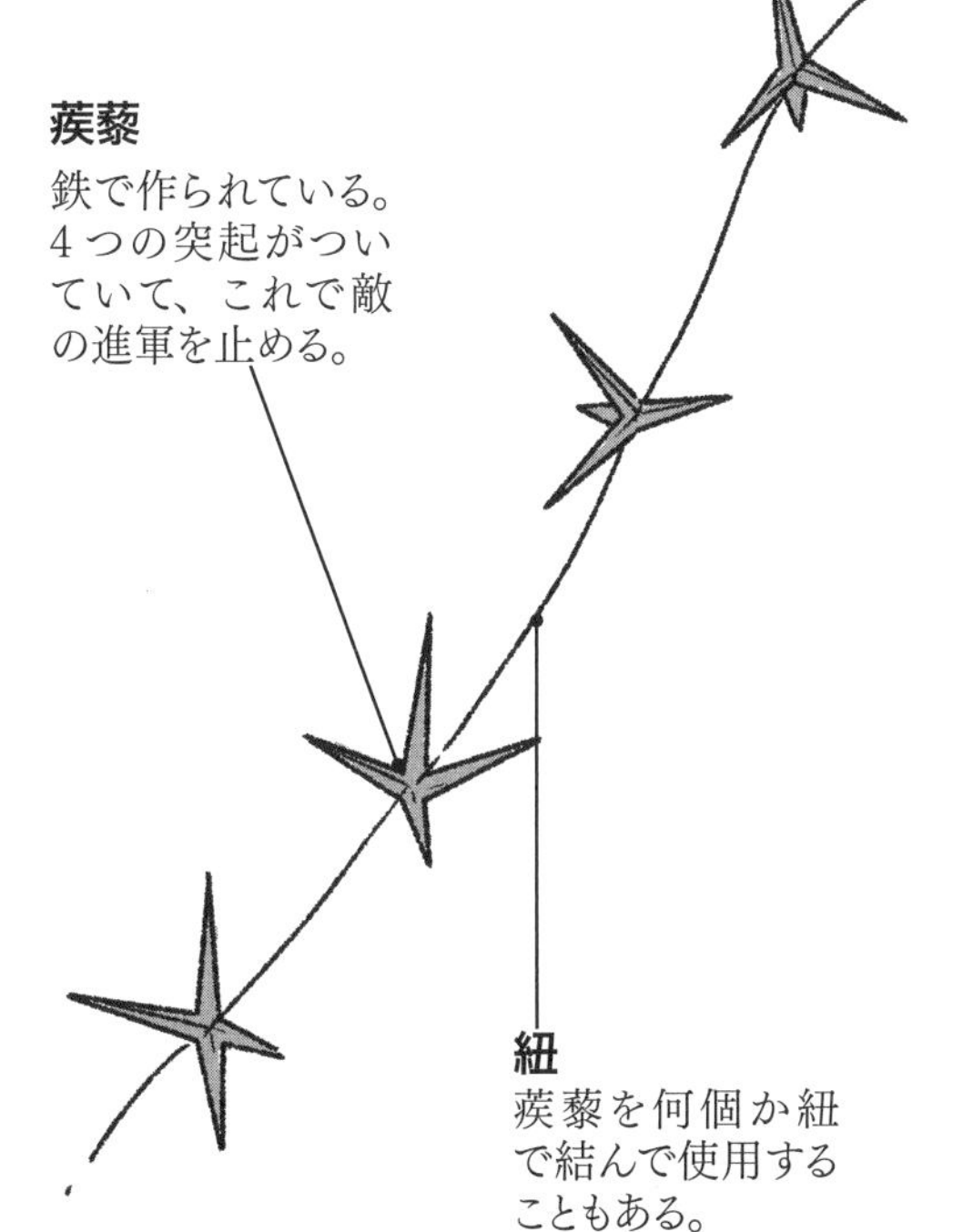
蒺藜
鉄で作られている。
4つの突起がつい
ていて、これで敵
の進軍を止める。
紐
蒺藜を何個か紐
で結んで使用する
こともある。

（※1）姜維　蜀漢の武将。もともと魏に仕えていたが、諸葛亮の第一次北伐の際に蜀漢に転じた。蜀漢滅亡の際に魏を裏切った鍾会とともに立ち上がったが殺害された。

（※2）除質→ 67 ページ参照。

（※3）西羌→ 103 ページ参照。

城の上から投げ落とし、敵の兵器を砕く

石臼　いしうす

　すでに述べたように、攻城戦が多かった古代中国では、霹靂車（へきれきしゃ）（160ページ）や雲梯（うんてい）（162ページ）、衝車（しょうしゃ）（166ページ）などの城攻め用の兵器が発展した。一方で、城を守るための兵器も登場するようになった。
　これは日本でもそうだが、城を攻めてきた敵に対して、重い物を落として対抗する方法がある。大木や岩を落とすのが通常のやり方である。三国時代には、そのほかに石臼を落とす者もいた。228年、魏（ぎ）の支配下にあった陳倉（ちんそう）を郝昭（かくしょう）(※1)が守っていた。そこに諸葛亮（しょかつりょう）が攻め寄せ、雲梯や衝車を繰り出してきた。そこで郝昭は、縄で縛り合わせた石臼を城内から投げ落とした。郝昭が落とした石臼は諸葛亮軍の衝車に命中し、衝車は粉々に砕け散ったという。

石臼

石臼
小麦を挽くために使われた回転式の石臼。

郝昭はこの石臼を縄で縛り合わせて急造の兵器とし、城の上から投げ落とした。

（※1）郝昭→163ページ参照。

三国志　関連略年表

西暦	出来事
184年	2月、黄巾の乱が起こるが、年末には鎮圧される。
189年	4月、宦官討滅を企てた大将軍の何進が宦官一派に暗殺される。これに怒った袁紹らが宮中に乱入し、宦官を大虐殺した。〔十常侍の乱〕 9月、入京した董卓が皇帝・少帝を廃立し劉協（献帝）を立てる。
190年	1月、袁紹が董卓から離反して挙兵。諸将と連合して反董卓連合を結成。 2月、董卓が長安に遷都する。
191年	4月、孫堅が董卓軍を破って洛陽に入京。その後、劉表討伐に向かったが戦死した。 張魯が漢中で自立する。
192年	4月、王允と結んだ呂布が董卓を殺害する。 春、袁紹と公孫瓚が界橋で激突、袁紹が勝利する。〔界橋の戦い〕
193年	袁紹・曹操連合軍が袁術を破り、袁術は淮南へ逃走。〔匡亭の戦い〕
194年	徐州牧の陶謙が死去し、劉備が徐州牧を継ぐ。 呂布と結んだ張邈が曹操に反し兗州を奪う。
195年	曹操が呂布を破り兗州を奪回する。〔定陶の戦い〕 後漢皇帝・献帝が長安を脱出。翌年、洛陽に復帰する。
196年	交州刺史・朱符が夷賊に討たれ、その後、士燮が周辺を制圧。 曹操が豫洲の黄巾軍の残党を降し、豫洲を制圧する。

197年	袁術が帝位を勝手に僭称する。袁術に愛想をつかした孫策が江東で自立。曹操が荊州北部の張繡を攻めるが敗れる。〔宛城の戦い〕
198年	呂布が劉備を裏切り下邳を急襲するが、曹操に敗れて処刑される。
199年	徐州討伐に向かった劉備が曹操から離反。袁紹が易京の公孫瓚を攻める。袁紹が勝利し、公孫瓚は自害。〔易京の戦い〕孫策が劉勲を破り江南を平定する。
200年	官渡で袁紹が曹操に敗れる。〔官渡の戦い〕孫策が暗殺され、孫権が後を継ぐ。
201年	曹操が豫洲の劉備を破り、劉備は荊州の劉表を頼って敗走。
202年	6月、袁紹が死去。袁家では袁譚と袁尚による後継者争いが勃発する。
203年	曹操が袁氏の拠点・鄴城を包囲するが撤退。
204年	曹操が再び鄴城を包囲し袁尚を破り鄴を占拠する。
205年	南皮に籠城した袁譚を曹操が攻める。袁譚が敗死。〔南皮の戦い〕
206年	曹操が青州沿岸の海賊・管承を討伐し、青州を平定する。
207年	曹操が烏丸討伐のために幽州に出陣。曹操が袁尚・袁熙兄弟を破る。袁兄弟は公孫康を頼って敗走。〔白狼山の戦い〕劉備が諸葛亮を配下に迎える。
208年	孫権が黄祖を破る。〔夏口の戦い〕荊州刺史・劉表が死去。曹操が荊州に侵攻し、後を継いだ劉琮が曹操に降伏する。劉表の食客となっていた劉備は南下するが長坂の戦いで曹操軍に敗北。江陵まで進軍した曹操に対し、孫権が劉備と結んで対抗。孫権が曹操を破る。〔赤壁の戦い〕

年	出来事
209年	劉備が荊州の南4郡を平定し、荊州牧を名乗り自立を果たす。孫権軍が江陵の曹操軍を破り、江陵を奪還する。
210年	交州を支配していた士燮が孫権に帰服。
211年	曹操が関中に侵攻し、韓遂・馬超軍を破る。〔潼関の戦い〕益州の劉璋が漢中の張魯対策として劉備を益州に招き入れる。
212年	曹操が濡須口に出陣し孫権と対峙するが、翌年正月に撤退。〔濡須口の戦い〕葭萌に駐屯していた劉備が劉璋討伐の兵を挙げる。
213年	馬超が再び曹操に反し、冀城を攻略する。曹操が献帝から九錫を賜り魏公となり、魏国を建国。
214年	劉備が成都を攻略し、劉璋が劉備に降伏。劉備が益州を手に入れる。〔成都の戦い〕曹操軍の夏侯淵が韓遂を破り、涼州を平定する。
215年	荊州支配をめぐって対立していた劉備と孫権が妥協。
215年	曹操が漢中に侵攻し張魯を破る。敗れた張魯は巴中に逃走したが曹操に降伏。〔陽平関の戦い〕
216年	曹操が献帝より魏王に任じられる。
217年	曹操が濡須口まで進軍し孫権と対峙するが和睦。劉備が漢中に侵攻し曹操軍と戦うが敗れる。
218年	曹操が幽州の烏丸を征伐し、鮮卑の大人・軻比能も曹操に降伏した。
219年	劉備が漢中の守将・夏侯淵を討ち取る。〔定軍山の戦い〕曹操が自ら漢中に出兵するが劉備軍を破れず撤退。劉備が漢中を制圧する。関羽が樊城を攻めて曹操軍を破る。関羽が離れたすきをついて孫権が江陵を制圧。樊城を奪還された関羽は江陵に戻る途中に敗死した。
220年	曹操が死去。曹丕が後を継ぐ。10月、曹丕が献帝より禅譲を受けて皇帝に即位し後漢が滅亡。魏建国。
221年	4月、劉備が漢の帝位継承を宣言し、蜀漢を建国。

222年	劉備配下の張飛が殺害される。 劉備が荊州に侵攻し、長江流域を攻略するが、夷陵で敗れ撤退する。〔夷陵の戦い〕 魏が洞口、濡須口、江陵に攻め寄せるが孫権軍に敗れ撤退。
223年	劉備が死去。
224年	曹丕が自ら出陣して広陵を攻めるが孫権軍に敗れて撤退。
225年	諸葛亮が南中征伐を開始。
226年	諸葛亮が孟獲を降し、南中を平定。 曹丕が死去。曹叡が後を継いだ。
227年	諸葛亮が北伐を開始し、漢中に布陣する。
228年	街亭に布陣した蜀漢の馬謖が魏軍に敗れる。〔街亭の戦い〕 曹休軍が呉領に侵攻するが、呉将の朱桓らに敗れる。 諸葛亮が再び北伐を開始し陳倉を包囲するが魏軍に敗北。〔陳倉の戦い〕
229年	孫権が帝位につき、呉を建国する。この年、諸葛亮が北伐を再開（第3次北伐）。
230年	魏が漢中へ侵攻するが長雨のために撤退。
231年	諸葛亮が改めて北伐を開始（第4次北伐）。
233年	孫権が合肥まで進軍するが魏軍に敗れる。 鮮卑が魏に反乱を起こすが鎮圧される。
234年	諸葛亮が最後の北伐を行い五丈原に着陣するが、諸葛亮が死去したため撤退。〔五丈原の戦い〕 孫権が合肥、襄陽、淮陰に侵攻する。
237年	遼東半島の公孫淵が独立を宣言し、国号を「燕」とする。 孫権が魏領・江夏へ侵攻するが撤退。
238年	魏の司馬懿が襄平で公孫淵を討つ。〔襄平の戦い〕 倭国の卑弥呼が魏に朝貢する。

239年	曹叡が死去。後を曹芳が継ぐ。 呉の廖式が反乱を起こすが、翌年鎮圧される。
241年	呉が淮南、六安、樊城へ侵攻するが魏軍に敗れ撤退。 蜀漢が上庸郡に侵攻するが撤退。
242年	高句麗王・位宮が幽州北部に侵攻する。
244年	魏の曹爽が漢中に侵攻するが蜀漢軍に敗れ撤退。
245年	呉の丞相・陸遜が死去。
246年	毌丘検が高句麗王・位宮を討つ。その後、濊も平定。
247年	魏で曹爽が実権を握り、司馬懿が引退を余儀なくされる。 倭国の使者が魏に来朝。張政が邪馬台国に派遣される。
248年	魏の郭淮と夏侯覇が蛮族の反乱を鎮圧する。
249年	司馬懿が曹爽排斥のクーデターを実行し曹爽一派を追放、魏の実権を握る。 姜維が雍州に侵攻するが魏軍に敗退する。
250年	孫権が太子の孫和を廃し、孫覇を自殺させる。
251年	司馬懿が死去。
252年	孫権が死去。孫亮が後を継ぐ。 魏軍が東興に侵攻するが、呉の諸葛恪が撃退。
253年	孫亮と結んだ孫峻が諸葛恪を殺害し、呉の実権を握る。 蜀漢の姜維が北伐を開始。
254年	魏で司馬師排斥のクーデターが発覚するが司馬師が鎮圧。クーデターに加担した皇帝曹芳が廃位。 蜀漢の姜維が漢中に侵攻する。
255年	魏の毌丘検と文欽が司馬師打倒の兵を挙げるが鎮圧される。〔**寿春の戦い**〕 姜維が再び漢中に侵攻し、魏の王経を破る。

257年	魏の諸葛誕が司馬昭に対して反乱を起こすが敗れる。〔淮南の戦い〕 蜀漢の姜維が改めて北伐を行うが魏軍に敗れ撤退。
258年	呉で内訌が発生し、皇帝・孫亮が廃される。
260年	魏の皇帝・曹髦が司馬昭排斥の兵を挙げるが敗れ、殺害される。
262年	蜀漢の姜維が漢中をめざして侯和まで進軍。
263年	魏軍が蜀漢領に攻め込み、成都を制圧。蜀漢の皇帝・劉禅は魏に投降し、蜀漢が滅亡する。
264年	司馬昭が晋王となる。 孫休が死去し、孫皓が後を継ぐ。
265年	司馬昭が死去。後を継いだ司馬炎が魏帝・曹奐に禅譲を迫って帝位を強奪。魏が滅亡。
266年	倭国の壱与が晋に朝貢する。
268年	呉が東関と合肥を攻めるが晋軍に敗れる。
270年	鮮卑が晋に対して反乱を起こすが敗れる。 呉の皇室一族の孫秀が晋へ亡命する。
272年	呉の歩闡が晋に投降するが、呉軍に敗れる。
279年	交州で郭馬が呉に反乱を起こし、交州一帯を席巻。
280年	晋が呉を滅ぼす。三国時代の終焉。

あ

か

索引

さ

た

索引

な

は

ま

や

ら

わ

◉参考文献

『歴史群像シリーズ特別編集【決定版】図説・中国武器集成』（学習研究社）／『戦術・戦略・兵器事典　中国古代篇』（学習研究社）／『武器と防具　中国編』篠田耕一（新紀元社）／『中国古代甲冑図鑑』劉永華（著）春日井明（翻訳）（アスペクト）／『中国古代兵器図集』（解放軍出版社）／『三国志軍事ガイド』篠田耕一（新紀元社）／『正史　三国志』（筑摩書房）／『三国志演義』（平凡社）／『戦争の起源』アーサー・フェリル（著）鈴木主税、石原正毅（翻訳）／『中国の城郭都市～殷周から明清まで』愛宕元（中央公論新社）／『図説中国の科学と文明』ロバート・K・G・テンプル（著）牛山輝代（監訳）（河出書房新社）／『中国古代の生活史』林巳奈夫（吉川弘文館）／『図説　中国の伝統武器』伯仲（編著）中川友（翻訳）（マール社）／『武器事典』市川定春（新紀元社）／『計略　三国志、諸葛孔明たちの知略』木村謙昭・歴史ミステリー研究会（新紀元社）／『図解　三国志　群雄勢力マップ』満田剛（監修）（スタンダーズ）／『三国志事典』渡邉義浩（大修館書店）／『決定版「三国志」考証事典』（新人物往来社）／『三国志合戦データファイル』（新人物往来社）／『諸葛孔明　謎の生涯』（新人物往来社）／『三国志「軍師」総登場』（新人物往来社）／『三国志演義の世界』金文京（東方書店）／ほか

じっぴコンパクト新書　325

英雄たちの装備、武器、戦略
三国志武器事典

2017年　7月　16日　初版第1刷発行

監修者……………………水野大樹
発行者……………………岩野裕一
発行所……………………株式会社実業之日本社
〒153-0044　東京都目黒区大橋1-5-1 クロスエアタワー8F
電話(編集)03-6809-0452
(販売)03-6809-0495
実業之日本社のホームページ　http://www.j-n.co.jp/
印刷・製本…………大日本印刷株式会社

ISBN978-4-408-45649-2（第一経済）